古生物学家与科普作家写给孩子的恐龙科幻小说

邢立达
少年阅读系列

恐龙男孩
Konglong
Nanhai

白垩纪的奇遇

邢立达 黄国超 著

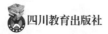

四川教育出版社

图书在版编目（ＣＩＰ）数据

白垩纪的奇遇 / 邢立达，黄国超著. -- 成都 ：四
川教育出版社，2020.7
（恐龙男孩·邢立达少年阅读系列）
ISBN 978-7-5408-7364-6

Ⅰ. ①白… Ⅱ. ①邢… ②黄… Ⅲ. ①恐龙－少年读
物 Ⅳ. ①Q915.864-49

中国版本图书馆CIP数据核字（2020）第114840号

白垩纪的奇遇

邢立达 黄国超　著

出 品 人	雷　华
策 划 人	武　明
责任编辑	吴永静
封面设计	赵　宇
版式设计	刘美彤
责任校对	王　丹
责任印制	高　怡
出版发行	四川教育出版社
地　　址	四川省成都市黄荆路13号
邮政编码	610225
网　　址	www.chuanjiaoshe.com
制　　作	北京小天下时代文化有限责任公司
印　　刷	成都思潍彩色印务有限责任公司
版　　次	2020年7月第1版
印　　次	2020年9月第1次印刷
成品规格	145mm×210mm
印　　张	6
字　　数	71千字
书　　号	ISBN 978-7-5408-7364-6
定　　价	33.00元

如发现质量问题，请与本社联系。总编室电话：（028）86259381
北京分社营销电话：（010）67692165　北京分社编辑中心电话：（010）67692156

寄少年：

人类的起源，从南方古猿"露西"开始计算，约有 320 万年的历史；从早期智人，也就是真正的人类开始计算，约有 25 万年的历史；人类发明的文字迄今为止可以记录的历史有 5 500 多年。但，这么长的光阴相对于地球 46 亿年的岁月，只不过是瞬息。

人类，这种两足行走的智慧生命，成功地改变了地球。现代人通过发掘、研究各个时期的古生物化石，用科学、严谨的方式，一步步地探索远古时代的生命密码，给那些在历史长河中曾经辉煌过的物种，重新赋予新的生命。然而，完成这项工作并不容易，它需要研究者拥有大量的知识和丰富的想象力。

亲爱的少年，希望你们通过阅读这套书，能爱上考古，对未知充满好奇；同时也希望你们努力学习科学知识，因为在地球上，古老的生命对我们来说依然迷雾重重，它们等着你们去探索、去发现。

岁月匆匆，我们已从懵懂少年成为人父。或许今天我们可以将父辈们一些想做却没有实现的事情去完成。

少年，请你们做好准备，整理思路，拿起书本，勇敢地跃入知识的海洋，去获取力量！你们的征途不仅有日月星辰，还有"深时""深部"！

哦，别担心！地球上的化石还有很多很多，正在"沉睡"的它们期盼着你们去"唤醒"。

登场人物

古伟

"恐龙男孩"的灵魂人物，时空管理总局古生物研究所最年轻的教授，是恐龙研究领域的专家。他在一次野外工作中遭遇意外事故，醒来后变成了一名12岁的孩子，所幸智力没有衰退，头脑依然灵光。他在时空管理总局的安排下，就读于山海小学六年级（2）班，因为拥有渊博的古生物知识，被同学们称为"博士"。

阿虎

时空管理总局反时空犯罪部队（ATS）第五大队的队长，负责时空犯罪的执法工作。他铁面无私，疾恶如仇，擅长格斗，在一次抓捕恐龙猎人的行动中，第一次与古伟相遇。意外事故的发生，也使他变成了12岁的孩子，与古伟同在山海小学六年级（2）班就读。因为体形变小，他只能选择放弃武力，学会多动脑子想办法。

拉面

生活在史前的一只亚成年特暴龙，体长七八米，体重接近 5 吨，无意中成为古伟的"救命恩龙"。意外事故使它变成了一只 1 岁左右的小特暴龙。它 1 米多高，浑身毛茸茸，短脖子上顶着一颗硕大的脑袋，嘴里长着香蕉形的尖牙，有一双完全不合比例的"小短手"。它可以通过时空管理总局特意为它研发的脑电波项圈与人类进行交流。

阿洛

古伟在山海小学的同桌，无论身高还是样貌，都平凡到能在人群里直接隐形。他学习成绩一般，却能说会道，生性胆小却对未知的一切充满好奇心，超级崇拜古伟。古伟和阿虎通过他和同学们很快熟悉起来，并得以了解学校里的各种趣事。他憨厚平和的微笑让古伟和阿虎变小后的种种不适消减了许多。

蟠猫

"疯子"博士波格创造出来的恐龙人女孩，外形与人类女孩极其相似。她融合了许多恐龙的基因，可以通过脑电波与恐龙对话，并且身手矫健。和普通人类不同的是，她每只手上只有 3 根手指，她秀气的外表下蕴含着巨大的能量。

我们在一起，就会了不起。

目 录

第一章　丛林激战　　　　　　　　　1

第二章　虫洞惊魂　　　　　　　　　18

第三章　同学你好　　　　　　　　　33

第四章　又见雪鸡　　　　　　　　　58

第五章　前往白垩纪　　　　　　　　74

第六章　"疯子"波格　　　　　　　89

第七章　神秘的新朋友　　　　　　105

第八章　迷宫大救援　　　　　　　120

第九章　特化伶盗龙　　　　　　　137

第十章　母子相逢　　　　　　　　153

恐龙园地　邢立达知识小课堂　　167

第一章
丛林激战

　　6 600 万年前的地球正处于中生代的白垩纪晚期，借用现在很流行的一句话来形容那个时期地球的统治者恐龙的生存情况，就是：这是最好的时代，也是最坏的时代。

　　这个时间节点很有趣——涉及这些内容的教科书和科普读物几乎都这样描述：6 600 万年前的白垩纪晚期，是恐龙繁盛、辉煌的时期，直到一颗直径达 10 千米的小行星撞击地球，引发火山喷

发、海啸、全球气温变冷等一系列灾难，导致包括恐龙在内的超过80%的地球物种灭绝，为哺乳动物甚至许久之后人类的崛起清除了障碍……

也就是说，如果谁被那颗小行星直接砸到脑袋，应该算是比较幸运的事，因为这样至少不用为了躲避火山熔岩流以及各种被崩上几百米高空再砸下来的大小石块，没命狂奔；也不用在漫天灰尘、不知是白天还是黑夜的昏暗环境中觅食……这种炼狱般的生活，光想想就让人痛苦不堪。

不过还好，今天不是世界末日！

天空像用靛蓝染料浸染过似的，没有一丝杂色。高空中几个小黑点在慢慢悠悠地绕着圈，那是大自然的宠儿、白垩纪的天空之主——风神翼龙。它们正舒展着翼展可达12米的巨大双翼，翱翔在高空，用空中王者的姿态巡视着大地，不时发出声声长啸。

炽烈的阳光穿透大气层，炙烤着 6 600 万年前的山东大地。恐龙时代末期的山东与现在大不相同，由于海平面较高，大量海水浸入陆地，海岸线向陆地内部大大推进，使山东不少地方都泡在海水里，形成了海陆过渡相半咸水沉积。

在陆地上，有众多湖泊，水汽蒸腾，混合着含有高浓度二氧化碳的空气，使地面上的景象看起来有些变形、扭曲。高大茂密的松柏把地表罩得严严实实，树林里一丝风都没有，天气炎热、潮湿，平日聒噪喧闹的各种动物也都失去了活动的兴致，树林里倒显得安静而平和。

在掠食者横行的中生代，看似平静的树林，里面却隐藏着无数未知的危险。但是，今天这里最大的危险，却本不应存在于这个时代，而是来自 6 600 万年后的地球主宰——人类。

阿虎和他的队员们已经在这里埋伏 4 个多小

时了，他们严密监视着密林深处的几顶帐篷。他们身穿最先进的"变色龙"特战服，从头到脚包裹得没有一点儿缝隙，不会受到蚂蚁之类的虫子的骚扰。"变色龙"特战服不仅可以防水、阻燃、调温，还能智能地根据所处环境改变伪装色。纵然如此，一动不动地趴上几个小时，依然不是一般人能做到的。

根据时空管理总局收到的情报，一伙恐龙猎人不知道从哪儿弄到一批从未被发现过的恐龙新物种，打算走私到现代来牟利。

自从人类拥有了时空穿梭的技术，开启了时空穿梭的新纪元。科研人员可以回到遥远的过去，了解远古时代的地质、气候和古生物的生活；同时，时空旅游也蓬勃发展起来。但另一方面，这一技术也滋生了各种扰乱时空秩序的犯罪活动。

打击涉及古生物的违法行为，正是阿虎和他的队员们的职责。在此执行任务的这支32人的特别行动小队，隶属于时空管理总局反时空犯罪部队（简称 ATS）第五大队，ATS 由几十个分队组成，不同的分队负责不同类型的时空犯罪案。队员们个个身经百战，身手矫健。阿虎作为第五大队队长，更是优秀。

他们前方不远处的帐篷区，就是恐龙猎人的营地，营地由 1 大 4 小 5 座帐篷组成。营地外围摆放着大大小小的铁笼子，大多数的笼子里关着被抓来的恐龙，另外还有一些空笼子。位于中间的大帐篷，帘门敞开着，可以清楚地看见里面满满当当摆放的各种仪器设备。

从营地的规模和设备的先进程度来看，这帮恐龙猎人的资金很充裕，显然来头不小。

"沙，沙沙……"谨慎而轻微的脚步声由远及近，目标终于出现了！

两米多高的巨大蕨类植物丛像波浪一样被分

开，十几个全副武装的人依次出现。他们队形严密，走在外围的人手里都端着自动步枪，充满戒备的目光不停审视着四周。被围在队伍中间的那些人，每两人抬着一个大箱子，看他们小心翼翼的样子，似乎箱子里装着什么贵重易碎的物品。

阿虎队长神色一凛，冷静迅速地下达指令："所有人提高警惕，保持安静，严守各自位置，听我命令！"

"红组收到。"

"蓝组收到。"

…………

恐龙猎人，是一个在新世纪悄然崛起、只为牟取暴利而存在的职业。

英国经济评论家邓宁格曾在某书中写道："一有适当的利润，资本就胆大起来……有 50% 的利润，它就铤而走险；有 100% 的利润，它就敢践踏一切人间法律；有 300% 的利润，它就敢犯任何罪行，甚至冒着绞首的危险。"

恐龙猎人正是新时代中"有 300% 利润"的暴利职业。

这些恐龙猎人背后往往有财团支持，使他们能拥有先进的技术设备，从而可以进行非法时空穿梭，专门捕捉史前生物，贩卖到现代牟利。

队长阿虎仔细地观察着这伙人，不禁皱起了眉头，低声提醒说："他们有一定的军事素养，大家要小心！看来今天的抓捕行动有点儿棘手。"

走在这伙人最前面的，是一个身高快 2 米、头发像鸡窝、满脸胡子的人。他上身穿黑色跨栏背心，下身穿迷彩裤；粗壮结实的双臂显露在外，肌肉如虬根般盘结，在阳光下，大滴的汗珠在黝黑的皮肤上闪闪发光。

"雪鸡！没错，就是他！"阿虎打开手腕上的

低反射率显示屏，对照着上面的资料说。

在雪鸡的带领下，这群人小心翼翼地护送着两箱物品，朝营地方向走去，这伙人并没有察觉到周围的异常。看着他们进入了中间最大的帐篷，阿虎小声对队员们吩咐道："各小组做好准备，30秒后喊话。"

阿虎右手一甩，把从作战背心中掏出来的圆球抛向空中。那圆球随即像莲花绽放般自动展开，变成一架多轴微型无人机。悄无声息地向着恐龙猎人的营地上空飞去。

到达指定位置后，无人机拍到的影像被实时传输到监视屏上，恐龙猎人的整个营地被一览无余。

阿虎看了看腕表，把头盔上的麦克风调到无人机的频段，喊道："营地里面的人听着，我们是ATS。你们因涉嫌违反联合国时空管理法第十七条第六款——非法盗猎和走私国际特级保护动物，

现在已经被我们包围了，限你们在 1 分钟内放下武器，出来投降，否则我们将采取强制措施！"

阿虎队长的声音通过无人机的扩音器播放出来，瞬间响彻整片树林。附近的各种小型动物和昆虫被前所未闻的声响惊吓到，尖叫着四处逃散，树林中一下子像开了锅似的沸腾起来。

一群原本正在慢悠悠觅食的窃蛋龙听到声响后，拔腿就跑，慌不择路地四处乱窜，只求远离那发出巨大声响的怪物，根本没顾及前方地面上那些奇怪的隆起。

尽管成年窃蛋龙身长不到 3 米，与一只鸵鸟的大小差不多，在恐龙家族中只能算是小个子，但它那两条大长腿却强壮有力，要是被它踩上一脚，那可不是件好玩的事儿。

夺路而逃的窃蛋龙跑的速度比平时更快，转眼间就跑到了正在隐藏的阿虎和队员们跟前。

"哎呀，我从几千万年前来这里，可不是

为了给你当足球踢的！""这家伙，不看路的啊！""要被它踩上，我小腰就残啦！"……阿虎与队员们也顾不得伪装了，一跃跳起。他们的耳麦中相互传着大家的笑骂声。

窃蛋龙不愧是反应灵敏、行动敏捷的代表，眼见前方突然冒出几只奇怪的"两脚兽"，它们只是身体轻轻一扭，连速度都未减，"嗖嗖嗖"几声就从他们之间的空隙中穿了过去。

五彩斑斓的羽毛刚从阿虎等人身边扫过，一声粗犷的大嗓门就在林子里响起："又是你们这帮家伙！"

话音刚落，十几个全副武装的恐龙猎人便冲出帐篷，瞬间占据了有利地形，开始向阿虎和队员们的方向开枪。一时间，密林中子弹横飞，四周的植物被打得七零八落，枝叶漫天飞舞。

ATS队员们训练有素，并没有慌乱，他们在第一时间掩藏好自己，同时将抛射式震撼弹、闪

光弹和烟幕弹准备就绪，阿虎一声令下，"嗖嗖嗖……"接连发射出去，准确地砸向恐龙猎人的营地。顿时，闪光、震爆加烟雾，把一时占据地形优势的恐龙猎人们搅得手忙脚乱，都不知道该捂眼睛还是鼻子了。

一直在用望远镜观察的阿虎敏锐地捕捉到这个有利时机，即刻下令："各小组马上行动，实行抓捕！"队员们收到命令，迅速出击执行抓捕任务。恐龙猎人虽然有一定的军事素养，但毕竟是为财求生，在训练有素的 ATS 队员前只能算是一群乌合之众。来回交手仅几个回合，恐龙猎人们就被制服了。

"奇怪，怎么不见雪鸡？"透过高倍数的军用望远镜，阿虎能清晰地看到每一个被制服的恐龙猎人，却没发现雪鸡那大体格，心中不禁疑惑。

突然，在巨大的发动机轰鸣声中，营地中央帐篷的门帘被掀起，一辆大马力越野摩托车猛冲而出。车上的人虽然戴着头盔，但从身形和衣着判断，此人正是雪鸡。

不好！阿虎心里猛然一惊。

别看雪鸡长着一副很粗鲁的模样，心思却非常缜密。他的一帮手下估计都没料到，雪鸡是故意叫他们冲出来的，为的是给他自己争取逃离的时间。

阿虎很清楚，像雪鸡这样的恐龙猎人，身上都佩戴有他本人专属的时空定位装置，只要配合具有跨时空通信能力的特制量子通信器，再争取足够的时间进行定位，他的同伙就能根据他的定位开启虫洞把他接走。

雪鸡把越野摩托车开得飞快，七拐八拐地就进入了丛林。虽然阿虎和队员们很快就反应了过来，立刻开枪，可还是让雪鸡逃走了。

没有犹豫，阿虎迅速跑向停在不远处的磁悬浮全地形车，一边跑一边调动无人机跟踪雪鸡，

跳上车，快速发动，全速向雪鸡逃跑的方向追去。

阿虎驾驶着磁悬浮全地形车，与雪鸡的距离迅速拉近。不过很快，阿虎最担心的事情还是发生了，雪鸡所处位置的前方已经开始产生能量波动，空间逐渐扭曲，虫洞入口开始形成。待虫洞入口完全成形，雪鸡驾驶着越野摩托刚好可以直接驶入，然后再迅速关闭。

眼看雪鸡要在自己眼皮底下逃脱了，阿虎咬紧牙，将车速提到极限。可谁都没有想到的事情就这样发生了：当雪鸡的越野摩托车高速擦过一棵巨大的银杏树时，树后猛地扑出一个人，一把抱住雪鸡把他从飞驰的摩托车上扑了下来。

这个忽然出现的人击碎了雪鸡的如意算盘。

虫洞入口就在前方10多米处，越野摩托车顺着惯性冲进了虫洞。被那人抱着滚了很多圈后，雪鸡一脚踹开了那个人，一个鲤鱼打挺站了起来。就在此时，阿虎那黑洞洞的枪口也对准了雪鸡的脑袋。

虫洞已经关闭。

"你是什么人？"雪鸡怒气冲冲、满脸不甘地狠狠盯着突然冒出来阻挡他的那个人。

目送两名队员把雪鸡押上车，阿虎总算松了一口气。他转身向面前正在拍打身上泥土的年轻人敬了个礼，说："感谢您的协助，我是 ATS 第五大队的阿虎，请问您是哪个部门的？"阿虎留意到了年轻人身上那套灰色斑纹的野外科考制服和胸前的时空管理总局徽章。

年轻人摘下眼镜，擦了擦镜片，重新戴上后伸出手，笑着回答："您就是阿虎队长？早就听说过您的大名。我是古生物研究所的古伟。"

听到年轻人的话，阿虎不禁肃然起敬，连忙上前握手："原来你就是古教授，久仰大名，真是如雷贯耳啊！"

　　阿虎这番话可不是恭维。别看古伟年纪轻轻，那张平易近人的娃娃脸上总是挂着微笑，他可是时空管理总局古生物研究所最年轻的教授，是恐龙研究领域的专家。虽然两人同属时空管理总局，但阿虎负责时空犯罪的执法工作，跟经常在野外工作的古伟并没什么交集，这是两人的第一次见面。

　　"阿虎队长，我想请您帮个忙，运一件比较重的东西回去。"古伟没有客套，一边说一边带着阿虎绕到一棵巨大的银杏树后面。

　　阿虎看清楚面前的情景后不禁瞪大了眼睛：树后的灌木丛中躺着一只身上满是鲜血的特暴龙，正呼呼地喘着粗气，一副奄奄一息的样子。尽管阿虎经常来史前执行任务，却从未如此靠近过一只活的特暴龙。他强压住内心的紧张，凑近了仔细查看：这只特暴龙身上有好几处枪伤，虽然都没打中要害，但大量的失血也足够要它的命了。

阿虎疑惑地回头看着古伟，这位年轻的教授沉声解释道："它是我这段时间正在追踪和研究的对象。它长得跟诸城暴龙很像，但又有所不同，我给它取名叫'拉面'。"古伟停顿了一下，没有解释这古怪名字的由来，扶了扶眼镜继续说："它的捕猎区域就在这一带，刚才枪声响起的时候，如果不是它刚好挡在我前面，也许躺在这里的就是我了。虽然它还是只未成年的特暴龙，但也有将近5吨重。我没有合适的运输工具，所以想请您帮忙把它运回所里进行治疗。"

阿虎张口结舌，不知该如何回答。不干预当地动物的生活，是野外考察特别是古生物考察的第一原则。但古伟教授要运送他的"救命恩龙"回现代社会进行治疗，似乎又合情合理。

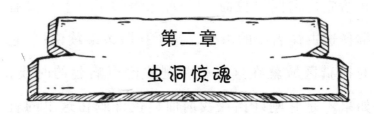

第二章
虫洞惊魂

特暴龙，是亚洲境内独有的暴龙超科大型兽脚类恐龙。论起血缘关系，它跟远在北美洲的霸王龙算得上是远亲。这些食肉的大家伙，成年后体长可达 12 米，最重能达到 7.5 吨，是真正的食物链顶端的王者。

由于一些特殊原因，霸王龙的形象早已深入人心，算得上是最为人熟悉的恐龙之一。特暴龙与霸王龙长得非常相似，若要认真区分它们的外貌，特暴龙的嘴比霸王龙较窄一些，后腿稍短一些，那对具有特色的"小短手"更小一些。它的"小短手"能轻松获得暴龙家族中的"最袖珍小手大奖"。

被古伟取名"拉面"的这个庞然大物，正是特暴龙家族中的一员。尽管如古伟所说，它还未成年，不过那七八米的体长，接近5吨的体重，已经向来自几千万年后的人类宣示了自己无可争议的白垩纪王者的地位。

虽然拉面的大出血暂时被药物止住了，但子弹头还留在伤口中，时刻折磨着它的疼痛神经。拉面似乎知道这些"两脚兽"在对自己进行救治，因此它忍着疼，安静地躺着不动，实在疼得难以忍受就轻轻"嗷呜"几声。

要运送活的古生物回现代，还是这么大的一只，对于阿虎和队员们来说还真是头一回。

时空管理总局也曾批准过运送古生物回现代

社会的情况，但那是因为古生物研究所开展的针对性科研活动——专门寻找刚死去不久的古生物，带回所里进行解剖研究，并且执行这种任务的都是专业对口的科研队伍。ATS是执法部门，私自运古生物回现代是严重违反规定的行为，所以阿虎很为难。

当务之急是先把拉面的伤势控制住。幸好古伟本就是古生物研究所的工作人员，通过他的汇报和协调，研究所很快就安排了古生物医生过来。医生到达后，麻醉止血、观测血压和心跳……经过一系列的医疗救治和沟通汇报，时空管理总局和古生物研究所最终同意了古伟把特暴龙拉面运回现代做手术的建议。

天色渐暗，密林中却灯火通明，几盏大功率LED射灯把运送现场照得犹如白昼。为防止其他动物意外闯入可能造成的危险，ATS第五大队在阿虎的带领下，全副武装在密林四周布设了警戒线，大型虫洞即将开启，准备运送拉面的大型拖车、起重设备、固定装置都已就位，搬运工作有条不紊地进行着。

"我说古伟教授，你这么兴师动众地要把它运回去治疗，会不会惹麻烦？"阿虎正巡视着外围警戒工作的进行情况，见到古伟走过来，犹豫再三，还是把憋了半天的话说了出来。

年轻的古生物教授认真地看了看阿虎，然后轻笑出声来："阿虎队长，放心吧，我不是一个公私不分的人。这么做不仅仅是为了救它的命，还有一个更重要的原因。"古伟拍了拍阿虎的肩膀，与他肩并肩一起走，继续说道："由于要遵守严格的规定，我们研究所从来没有把活体运回现代进行研究过。在曾经开展的各种专项研究中，大多种类的恐龙都找到过相对新鲜的尸体，但特暴龙却例外。所以此前研究特暴龙只能通过它的近亲

去做推测。这次破例运送拉面回去，一是要把它救活，二是顺便想通过它做些研究，等它的伤痊愈后再把它送回来。"

作为执法部队的队长，阿虎向来疾恶如仇、铁面无私，最怕的就是这些年轻的学者为了搞研究，或者因为私心而做出违反规定的事情来。古伟的这番解释让他打开了心结。

古伟看着阿虎恍然大悟的样子，明亮的眼睛笑成一弯月牙："你还真以为我会私自把这么一只大家伙运回去啊？没有时空管理总局和古生物研究所的批准，我怎么敢呢？"

两人相对哈哈大笑起来。经过一番谈笑，两人真正熟悉了起来，没有了之前的那种拘谨。

虫洞开启前，运送准备工作已经就绪，现在那只危在旦夕的特暴龙，也已经躺了在运送拖车上，就等运输组与总局协同下令了。

"什么？让他跑了？"阿虎跟时空管理总局通报情况时，被发过来的一则通告气得暴跳如雷，就连同时收到通告的古伟也一脸愕然。

通告的内容有点长，但概括起来实际上就是五个字：雪鸡逃跑了！

不得不说，雪鸡这次能顺利逃脱简直是匪夷所思。

按照程序，雪鸡在被捕后便立刻通过虫洞，被送到了时空管理总局的相关部门进行看押。时空管理总局在对他进行身份辨认后，随即办理了移交手续，并安排车辆把他送入看守所，等所有资料和手续都备齐后，便可提起公诉。这套流程已经非常成熟。一切按部就班，押送雪鸡的车辆由负责警戒的另一辆车陪同，一前一后开往看守所。

没承想，意外出现在押运途中……

因不同动力的车辆速度差异较大，为了减少交通堵塞和事故，也为了更科学地分配有限的交通资源，交通网络便以空间的形式被分成不同层次。轻型的磁悬浮车辆速度快，一般都走离地面10～60米之间不同层次的数条专用高速通道。货运车辆尤其是重型卡车，由于体积大、重量大、速度慢，一般都是走传统路面。

传统路面的十字路口，正值红灯，押送雪鸡的车辆一前一后停在路口的最前面。正在这时，垂直方向行驶的一辆重型卡车，却突然改变方向，发了疯似的撞上押送雪鸡的押运车。由于重型卡车重量大，押运车被整个掀翻，连带警戒车一起被挤在了路网的隔离带上。巨大的撞击力把车里的队员们震得东倒西歪。

雪鸡也没有幸免，不过他身体素质非常好，很快就回过神来。随即他发现押送车的车门被挤压得变了形，密封的两道门之间出现了一道缝隙，从外面透进亮光。他欣喜若狂，不顾双手还戴着手铐，用力踹开变了形的门，跳下车，撒腿就跑。负责押送的队员赶紧爬起来想要抓住雪鸡，却被雪鸡一把推倒在地。

更可恶的是，雪鸡边跑还边回过头恶狠狠地瞪了一眼还在地上挣扎的队员，狞笑着说："你们等着，这事没那么容易结束！"很快跑得不见了踪影。

雪鸡逃跑的消息很快传回时空管理总局，总局第一时间做出判断，这是有预谋的劫囚事件。大批支援很快到达事发地点，迅速封锁了现场，重型卡车司机被控制起来。工作人员清理现场时发现，起因是3辆磁悬浮车跟重型卡车撞在一起，3个年轻的磁悬浮车司机也被当场控制了。在公安部门的配合下，ATS展开了大规模的搜索，利用天眼系统追寻雪鸡的行踪。

雪鸡着实狡猾，反侦查能力非常强，天眼

25

系统只追查到几个街区，之后就彻底失去了他的踪迹。

时空管理总局经过详细询问、调查，最终确定这是一场单纯的交通意外。

那3名磁悬浮车司机都是20岁出头的年轻人，不久前才拿到了磁悬浮车辆的驾驶证，今天一起去吃饭庆祝。第一次把车开到磁悬浮专用高速通道的3个人，又心血来潮相约着一起取消自动驾驶功能，改用纯手动操作，还要比赛谁先到达目的地。他们一路风驰电掣互不相让，落在最后的那位心中起急，却突然发现前方是个几近90度的急转弯。他一通手忙脚乱，没控制好速度，直接和前面两辆车撞到了一起，3辆车纠缠着冲向下方的十字路口。

重型卡车司机正通过路口，猛地发现侧上方3辆小车对着自己直直地冲了下来。他脑子还没反应过来，手已经急打方向盘躲避，于是一头撞在了押送车上。

好在车辆的安全措施到位，这几名司机连同ATS的队员们都未受重伤。遗憾的是，好不容易抓到的雪鸡，就这么逃跑了。

在详细了解了整个事件后，阿虎和古伟相视无言，摇头苦笑。

"不行，我还是不放心，这次我来开车！"阿虎似乎还对雪鸡的逃跑耿耿于怀，不管谁来劝都不听，一定要亲自驾驶那辆装着特暴龙的大拖车。

古伟见阿虎这么执着，拍拍他的肩膀说："行，你开车，我押车，我们合作把这只大恐龙运回去……"

古伟话还没说完，地面突然猛地摇晃起来，中生代大地仿佛突然被注入了激情，舒展着久未活动的躯体。

古伟稳住身体四处张望，突然脸色大变，他指着不远处的一座巨大山丘说："糟糕！那座活火山要喷发了！"

活火山每次周期性的喷发，都会把大量高温熔岩、火山碎屑和大量的气体喷射到高空。火山喷发出的炽热的火山灰会把太阳光都遮挡起来，附近的气候和植被也会被破坏，甚至可能永久改变方圆上百平方千米的生态环境。

然而火山喷发也不是只有破坏性，数年后，冷却下来的熔岩会变成肥沃的土壤。火山灰和熔岩中含有高浓度的氢离子，还富含一些关键营养素，如铁、钙、镁、钠、钾、磷、硫、硅等微量元素。尤其是硫，它对植物的生长非常有好处。未来这里会变成郁郁葱葱的丛林。

繁盛的植物自然会吸引大量的植食动物来栖息定居，植食动物又会吸引特暴龙这类肉食性恐龙把这里当成乐园。

古伟跟踪观察这只特暴龙有一段时间了，它领地的生态系统、地形气候等也在古伟考察范围之内。通过观察这座邻近地区内最大的活火山，古伟近期已经发现这一带硫的浓度超出了正常标准，火山频繁小规模喷发，轻微的地震也愈加密集，这些都是大规模火山喷发前的显著征兆。

只是，古伟怎么也没想到，喷发的时间就在这个节肯眼儿上。

"快快快，人员先行撤离！贵重的设备要先带走，实在带不走的重型设备暂时放弃，先保证人员安全。"阿虎和古伟临危不乱，立刻启动紧急撤离方案。

地面开始剧烈地晃动，阿虎坚持殿后，古伟也决定留到最后，协助阿虎一起指挥其他人员撤离。

大家保持着冷静，撤离行动有序进行着。除

ATS 的队员外，还有时空管理总局派过来拖运特暴龙的支援人员，以及古生物医生，共计40余人，大家快速有序地进入虫洞。

黑暗中，不远处的那座巨大火山像张开了血盆大口的怪兽，怒吼着往天空喷吐炙热的岩浆和碎石。火山口处蜿蜒流下数道熔岩，在黑夜中闪耀着红光，炙热的空气弥漫开来。

时间一分一秒过去，现场只剩下坚持留在最后的古伟和阿虎，还有打了麻醉剂躺在拖车上的特暴龙拉面。

古伟环视四周，确定再无其他的人员，一把拉住阿虎："阿虎队长，我们也赶紧撤！虫洞的能量波动越来越不稳定，好像有点儿快撑不住了。如果虫洞崩溃会导致时空混乱，后果不知道会怎样，而我也不想成为第一个知道的人。"

两人先后跳上拖车，阿虎还没等古伟把车门

30

关好，就将车速提到极限。"轰……"大功率发动机发出巨大的轰鸣声，总重达十几吨的拖车一下子抖动起来，飞速向虫洞冲去……

第三章
同学你好

两个月后，中国东南沿海龙城湾区。

这是一个由数个城市组成的巨大城市群，城市之间由发达的高速公路网、高速铁路网和磁悬浮通道连接，人口数量超过1亿。城市最南端有一个探出大海的巨大的半岛，半岛上最显眼的建筑物，是占地超过10平方千米的几座飞碟状建筑物，这就是著名的时空之城。在其正中的位置有一座建筑物，像一个倒扣的碟子，这是时空管理

总局的办公大楼。

龙城湾区中部城市的山海小学，此时正是上课的时间。9月初的阳光依然刺眼，天气炎热，没有一丝风，树叶静止不动。蝉在树梢上不知疲倦地鸣叫着："知了……知了……"

古伟托着下巴，呆呆地看着窗边那片硕大的树叶，无聊地一根一根清点着上面的叶脉。数着数着，古伟的思绪又飞回了两个月前。

阿虎将车的速度提到了极限，重型拖车咆哮着直冲向虫洞。

黑暗中的中生代大地剧烈摇晃，地面像海浪般起伏。阿虎咬着牙死死握紧方向盘。

不知是否因为受到了近距离火山喷发和强烈地震的影响，虫洞本应保持稳定的圆形入口也在不停地晃动，这种现象古伟和阿虎从未见过。

"虫洞可能支撑不住了！"古伟一直在关注着

虫洞的稳定性，一旦出问题谁都不知道后果会怎样。不过阿虎现在可没空理会虫洞，他更担心如果无法成功离开，在如此规模的火山喷发下，他和古伟的存活概率微乎其微。

阿虎开着拖车载着古伟和拉面在山崩地裂的边缘，一头扎进了已变扭曲的虫洞中。

进入虫洞后，他们眼前一暗。跟往常不同的是，这次并没有很快重新亮起来，他们也没有出现在时空管理总局宽敞明亮的出发大厅，四周既没有整整齐齐的车辆，也没有忙碌的工作人员……

依然只有黑暗，直到他们失去知觉。

"这个……是我？！"

等古伟再次恢复意识，已经是回到现代的两天后了。这时他正站在一面镜子前，被镜子中的自己惊得目瞪口呆。

镜子中的古伟穿着小号的病号服，身高大概只有 1.5 米，唇红齿白，细皮嫩肉，分明就是 20 年前还在上小学时的自己！

古伟把双手举起眼前仔细观察，然后抬手沿着脸部轮廓开始摸索，指尖触到的皮肤充满弹性。原本因长年累月风吹日晒而变得粗糙黝黑的双手和脸部皮肤，现在却变得白白净净、皮光肉滑，完全是十来岁少年的皮肤。

"这究竟是怎么回事？别慌，一定要镇定下来！"古伟紧盯着镜中那双满是震惊的双眼，大口地用力深呼吸，强迫自己稳定心神，同时大脑高速运转，昏迷之前经历的场景在脑海中不断掠过。

"难道是剧烈的火山喷发对虫洞造成了影响？难道虫洞因一些不明原因使穿越的有机体发生时间逆转？……可现在应该怎么办才能恢复正常呢？"

古伟一动不动地站在镜子前，表面上风平浪静，内心却翻江倒海不能平静，各种稀奇古怪的念头在大脑中涌现。遇到这样的怪事，任谁都不可能安然接受，能像古伟这样镇定下来梳理思路实在难得。

整整两天，古伟把自己反锁在病房中，大脑保持高度运转，思考事件的原因，探寻恢复的方法……可惜，这个事件已经超出了人类目前对时空的认知，无论古伟怎么思考，依然毫无头绪。他最后不得不颓然放弃，接受自己年轻了20岁这个残酷而又古怪的现实。

时空管理总局及研究所的领导们都来慰问古伟，大家都劝慰他不要担心，已经成立了专门的研究小组，一定会想尽办法帮助他回到正常的年龄。

古伟脑子里还在想着同他一起进入虫洞的人员的安危，对领导的关心强打精神一一回应着。

一个身穿同样病号服的小个子身影在人群中闪过，被他的眼角余光捕捉住。"阿虎队长，是你吗？"古伟大声喊道，稚嫩的童声响彻病房。

几位领导的脸色有点尴尬，他们转身看过去，身后站着一个十二三岁的孩子。只见他白白嫩嫩、皮光肉滑，但通过那标志性的浓眉大眼和见棱见角的五官不难辨认出，他就是 ATS 第五大队的队长阿虎。

看到这位"小号"的阿虎，古伟居然指着他没心没肺地笑了起来。被古伟这么一笑，原先紧绷着脸的阿虎也不禁笑了起来。病房里原本压抑的气氛顿时轻松了起来。

古伟笑了一阵赶紧问道："对了，阿虎，我们一起回来的那么多人都变小了吗？"

阿虎苦笑着摇摇头："他们可没这么'好运气'，毫无'惊喜'地回来了，哪像我们俩，居然活回去了。现在倒好，我才 12 岁，相当于老天爷又多给了我 20 年的生命。"

时空管理总局局长已年近 70，他笑着对阿虎说："你是得了便宜还卖乖啊，如果我这老头子也能年轻 20 岁，那可得高兴坏了，哈哈哈……"

等众人走后，阿虎和古伟收起脸上的笑容，一起回想究竟发生了什么。

"阿虎，你有没有印象？一开始进入虫洞并没有什么特别，但是进入后感觉时间长了不少。"

"对，之后就完全不知道发生了什么。其实，我也只是比你早醒了半个小时而已。"

两人讨论了一会儿，他们发现中间的缺失部分才是最重要的，可偏偏两人都没有任何印象，看来只好等研究小组的结果了。

在接下来的两个月里，古伟和阿虎几乎隔几天就做一次穿越虫洞的试验，他们还配合研究小组以各种功率模拟一些情况来调整虫洞，看能否

找到一些线索。可是每次都以失败而告终。

在研究小组获得重大突破之前，不得不先把他们做好安排。

由于在时空管理总局担任重要角色的两人发生了之前从未遇到过的匪夷所思的变化，而且以他们现在的情况也的确不适合在总局工作，因此局里经过研究决定，暂时先把古伟和阿虎安顿在距离总局10千米的山海小学。

这所小学的校长是总局局长的大学同学，当年古生物课也学得相当好，但后来对教书育人更加热爱。他儒雅又不失热情，乐于为时空管理总局提供帮助，同时也能保守秘密。

这位校长同时也是古伟的旧相识，他对古伟这么年轻就有如此学识大为赞赏。不过，这次他见到缩小版的古伟，真不知会作何感想！

在山海小学报到后，古伟和阿虎作为插班生

被安排在了六年级（2）班，跟班里30多位"同龄"的小学生一起上课。

古伟的外貌、身形虽然变小了，但记忆还在，头脑依然灵光。小学六年级的课程对他来说过于简单，老老实实上课听讲对他而言甚至成了一种折磨。他经常不由自主地走神，想着属于他的恐龙大陆。

唉，这样的日子，什么时候才是个头啊！

啪的一声，把古伟从胡思乱想中震回了现实。一只大手重重地拍在古伟的桌子上，手的主人是班主任姜老师。

其实姜老师脾气并不暴躁，甚至应该说他很和蔼，现在这样子纯粹是被古伟和阿虎给气的。

姜老师刚接收这两个插班生的时候，校长就曾专门叮嘱过他，这两位插班生的情况有些特殊，因此学习方面无须太过苛责，只要他们不扰乱课堂秩序，可以对他们睁一只眼闭一只眼。

　　"这怎么行！他们既然来到我的班，我就有责任带好他们，怎么可以听之任之？校长，您这种说法我不同意！"姜老师是位负责任的老师，绝不允许自己的学生荒废时间。

　　"古伟同学，我知道你学习很好，知识面也很广。但是，你现在的主要任务是学习，不要浪费了你的天赋！道理我相信你都懂，仅凭小聪明是不能长久的。要不这样，我问你一道题，回答不出，你就好好听课。"姜老师语重心长地对古伟说。他可不想眼看着古伟变成像"仲永"那样的人！

　　"好！"古伟是一个热爱学习的人，他尊师重教，一来为了不伤姜老师的心，二来也算是在小学的课堂里找一些乐趣。

　　"前几天，英国挖掘出最大的海王龙化石，这种恐龙有什么……"

　　"海王龙不是恐龙，姜老师……"古伟情不自禁地打断了班主任的话。

"你!"姜老师一顿,耳边随即传来孩子们忍耐不住的轻笑,他气得胸口急速起伏,呼吸都不顺畅了。

"好好好!古伟同学,你现在不用上课了,先去办公室等我,回头我跟你好好聊一聊。"

古伟在一阵窃笑声中收拾好书包,慢慢吞吞地走出教室。

"唉,答应了校长不顶撞姜老师,这次又……我真不是故意的。以后一定要注意自己的言行,体会老师的良苦用心……"古伟边走边用眼神跟坐在后排的阿虎打了个招呼,顺便瞄了一眼单独坐在教室后面的特暴龙拉面。拉面那硕大的脑袋正舒服地枕着课桌睡得正香,口水都流出来了。

之前因为拉面伤势极重,不得不把它运回现代进行手术。那场意外,使拉面跟古伟和阿虎一样,都变小了。古伟和阿虎复原不了,拉面也只

能先这样了。

原先身长七八米、体重近 5 吨的特暴龙拉面，现在却变成了一只身高只有 1 米多、全身毛茸茸的、年龄 1 岁左右的小恐龙。任谁看到它那萌宠的样子，都不会联想到不久前它可是中生代的丛林王者。

天气晴朗，微风吹拂，尽管依然炎热，但空气中已经开始散发出秋天的味道。古伟背着书包无聊地走着，心情渐渐平息下来，思绪却飘向了远方。

古伟来到山海小学已经两个多星期了，刚来学校时的陌生感已经彻底消失，这都归功于他有一个好同桌——阿洛。

阿洛是一个很普通的男孩子，外表平凡到能在人群里直接隐形。虽然他的学习成绩一般，但对于古伟和阿虎来说，阿洛却是个很不错的同学。

　　刚到新学校时各种不习惯，再加上周围同学有意无意地保持距离，这些都让古伟和阿虎感到孤独和陌生，而亲切平和的阿洛却让古伟和阿虎的种种不适消减了许多。

　　阿洛带着古伟、阿虎熟悉校园和同学，也告诉他们学校里的各种逸事，包括同学、老师的性格和处事风格。渐渐地，同学们接受了这两个新来的插班生。

　　古伟的学习成绩非常优秀，作为同桌的阿洛感到很自豪，逢人就说古伟如何如何聪明。

　　一个星期前接连发生了两件事，使古伟成了校园名人。

　　那天，"国际青少年古生物知识推广巡回讲座"在山海小学开讲，平常负责讲解的都是博物馆或研究院的工作人员。而这次，神通广大的校长竟然把电影《侏罗纪公园》的主角原型——菲利普恐龙博物馆原馆长菲利普·柯里院士的虚拟人请

来给大家进行讲解。全校师生无一缺席。

菲利普院士可是世界上恐龙研究领域的权威学者，是古生物爱好者心目中的男神！尽管菲利普院士已不在人世，但通过现代仿生技术结合高阶人工智能 AI 创造出来的虚拟人，几乎是其本人的完全真实再现。

一次普普通通的科普讲座顿时变成了盛会，国内古生物爱好者、诸多媒体记者……挤满了校园。

讲座办得非常成功，所有出席的人在菲利普院士妙语连珠的讲解中都受益匪浅，当中的一个小插曲也让古伟一下子出了名。

巡回讲座有一个环节，那就是请几位爱好古生物的同学上台互动，其中当然少不了古伟。菲利普院士一开始提出了几个常识性的问题，例如化石是如何形成的、列举中生代不同时期的恐龙等，同学们都能很快地回答上来。可接下来的问题，难度却陡然增加："同学们知道沉积作用是什么吗？"

"呃……"这个问题对于小学生来说似乎难度有点大，大家都"卡壳"了。

"沉积作用是指被运动介质搬运的物质到达适宜的场所后，由于条件发生改变而发生沉淀、堆积的过程的作用。按沉积环境，它可分为大陆沉积和海洋沉积；按沉积作用方式，它可分为……"一个清脆的声音响起，大家不由得齐齐循声看去，侃侃而谈的正是站在台上的古伟。

"嗯，这位同学说的是标准答案，那你能否举一个例子，来说明沉积作用对于我们发掘化石有哪些影响呢？"菲利普院士饶有兴趣地看着古伟。

古伟微微一笑，回答道："古脊椎动物死之后被河水冲走，顺着河水往下游漂流，经过一些浅滩或者拐弯处，尸体往往会堆积在一起，在经历漫长的岁月后，这些地方会有机会变成化石集中

地点。"

菲利普院士满意地点点头，突然又抛出一个问题："化石记录显示，鸟类的祖先——兽脚类恐龙，前肢有 3 根指，在向鸟类的演化过程中，它们的外侧两指，也就是第四指、第五指退化并消失。但是，现代发育生物学研究却表明，鸟类保留了中间三指，也就是说，在鸟类演化过程中，最外侧也就是小指和最内侧的大拇指都退化消失了。这样，古生物学和现代发育学在鸟类手指同源问题上就产生了矛盾。这位同学能说说这到底是怎么回事吗？"

问题一出，全场顿时哗然，就连一起来的专家学者也不禁眉头一皱，这么专业的问题叫一个小学生来回答，菲利普院士是在开玩笑吧？

此时，在场所有人的目光都集中在了古伟身上，记者们的各种"长枪短炮"也一致对准了古伟，大家都在期待这位博学的小学生能再次带来惊喜。

万众瞩目的古伟思考了一下，开口朗声说："这是外侧转移假说和同源异型转化。也就是说，早期兽脚类恐龙最外侧的小指退化了，随后伴随着猎食行为的变化，大拇指也退化消失了，这样具有 3 根指的坚尾龙类实际上保留了中间的 3 根指，但由于发育机制的变化，这中间 3 根指发育成了第一指至第三指的形态。"

"说得好啊，这位小同学真是个博学的小博士！"菲利普院士微笑着连连点头，还带头鼓起掌来。现场随即响起雷鸣般的掌声，照相机也闪个不停，现场气氛达到了高潮。

从那以后，古伟便成了山海小学的名人，"博士"这个称号也由此而来。

巡回讲座的两天后，又发生了一件事，使古伟的名字再次轰动校园。

上课时间，学校一片宁静，操场上偶尔传来

体育老师吹出的几声哨响。突然，操场上传来几声女孩子的尖叫，随后一阵喧闹嘈杂声打破了校园的宁静。

学生们纷纷跑到窗边看，只见操场上站着几个人，还带着一只奇怪的动物。

它跟4岁小孩子的身高差不多，浑身毛茸茸的，两只有力的长腿稳稳地站着，短脖子上顶着一颗硕大的脑袋，满嘴尖牙，还有一双完全不合比例的"小短手"，赫然一只小特暴龙！

同学们都震惊了，把小特暴龙团团围了起来。

小特暴龙受到了惊吓，做出攻击的姿势，嘴微微张开，发出嘤嘤嘤的警告声，全身肌肉绷得紧紧的，像一枚已经压缩到极限的弹簧。

"拉面！"

古伟和阿虎风一般冲到操场，拦在小特暴龙面前，把它和其他学生分隔开。

见到两人，小特暴龙放松了下来。这时，校

长不知从哪儿走了过来，他看着小特暴龙，满意地说："很精神啊，不错！"

紧接着，校长对全校宣布，这只小特暴龙叫拉面，是时空管理总局特别安排在山海小学进行训练的，因此以后将与六年级（2）班的同学们一起上课。

古伟对这个决定感到很奇怪，悄悄把校长拉到一边询问，才得知真实原因：拉面自从变小后，身体素质比它之前的状态还要好一些。手术后它恢复得非常快，半个月左右就能跑能跳了。而且经历了那次意外后，拉面的智力似乎也有所增长，很多时候它都能直接理解人类的意图。时空管理总局和古生物研究所原本正联手研制可以增强脑电波融合的设备，现在做了一个试制版的项圈，由拉面戴上，让古伟对它进行全面的研究。

就这样，小特暴龙拉面开始了每天跟着古伟和阿虎一起上学——上课睡大觉、下课满地跑的

校园生活。

肩膀被拍了一下的古伟回过神来，他抬头一看是敬爱的校长大人，一位快 70 岁还精力充沛的老头。

校长笑道："古伟啊，我正找你呢。是这样，下周我们学校被邀请去参观时空管理总局……"古伟一愣，校长抬了抬自己的金丝眼镜继续说："我很清楚你的专业知识，去参观时空管理总局对你来说就跟回家差不多。我希望你能主动承担起为同学们讲解的工作。你好好准备，我相信你一定能做好。"

　　已经有些日子没回总局了，正好探望一下同事们，最重要的是去研究小组看看有没有什么新的进展，古伟没有一天不想尽早恢复的。

人类对时空旅行充满了幻想，作家、编剧、导演更是"脑洞"大开，给人们描绘出各种时空奇遇的场景和片段。科学界对时空穿梭的研究更是从未间断过，可惜的是，一直没能真正成功。直到 10 年前，时空穿梭技术终于取得了关键性突破，由中国科学家主导、各国精英科学家组成的团队，用巨大的能量开启虫洞，并通过微调输入的能量值精确地控制虫洞另一端的时间，以此实现真正的时空穿梭，开启了人类时空旅行的新纪元。

这个有史以来最令人震惊和期待的科技成果刚一公布，整个世界都轰动了，但绝大多数人并没有表现出兴奋，更多的是不知所措和质疑，甚至还有不少人担心擅自进行时空穿梭会扰乱人类历史，导致不可预测的后果。

这种技术如果管理不好，可能会出大麻烦，于是"时空管理总局"应运而生。

1945 年联合国成立以来，也许没有任何一个国际联合组织会像时空管理总局这么特殊，因为它拥有跨时空的执法部门——ATS。由于牵涉的时间段太长，情况千变万化，因此 ATS 是一个非常庞大的部队，下辖几十个行动小队。ATS 不仅负责时空管理总局的安保工作，还由联合国专门授予执法权，负责打击任何涉及时空方面的违法行为，例如未经许可的时空穿梭、走私盗猎史前动物等。

清晨，阳光明媚，微风吹拂，正是出游的好天气。时空管理总局的广场中心，伫立着由著名雕塑家叶知秋创作的雕塑《时之沙》。青铜铸造的沙漏，反向流动的细沙，表达着时间在这里有着与众不同的特性。

雕塑的底座上有一行字，是主持时空穿梭技术研究的关键人物秦博士的一句话：我想亲眼去

看看，过去的地球是什么样子。

雕塑后面，穿过"时空之门"就是主办公大楼的正门。所谓"时空之门"，是矗立在办公楼前，用特殊材质建造的巨大圆拱形通道，通道内一圈圈肋骨般的弧形支柱发出淡淡的荧光，走在里面让人有穿梭时空的感觉。

古伟、阿虎、阿洛并肩站在广场东端的山海小学队伍中，抬头看着面前宏伟的建筑群。古伟和阿虎虽然是常客，但在广场排队等候进入还是第一次，站在这里环视四周，还是会有不同以往的感受。

"不愧是被誉为近 30 年来最杰出的建筑！"

"已经两个月没见面了，兄弟们，我回来了！"

"哇！时空管理总局的建筑真是宏伟壮观啊！盖这房子要花多少钱啊，可以让我天天吃炸鸡了！"阿洛话音刚落就同时收获两道鄙视的目光，还有异口同声的三个字："肥死你！"

　　拉面对这里早已熟悉得像回家一样，扭着个肥屁股到处跑来跑去。由于跟同学们都混得很熟了，每经过一个人它都会打闹一番。

　　学生们叽叽喳喳地嬉戏打闹着，古伟、阿虎和阿洛也光顾着聊天，谁都没留意在另一侧准备进入参观的队伍中，有一个特别高大的身影。这个人面容普通，衣着也无特别之处，但一双藏在墨镜后的眼睛却闪着狡黠的光。

第四章
又见雪鸡

　　为了顺利混入时空管理总局，雪鸡剃掉了标志性的络腮胡，精心修剪了他的"鸡窝头"，还通过外科整形手术修整了颧骨和下巴，甚至用违禁的技术把 DNA 都进行了伪装。现在的他除了那依然引人注目的身高，其他的特征已经与原来的雪鸡没有任何关联了。

　　虽然雪鸡正在进行着别人眼中疯狂的举动，但他却一点儿都不紧张。

"时空管理总局、ATS、阿虎队长，还有那个不知名的什么人，我今天来登门拜访了，还有意外的'大礼'奉送！"雪鸡抬起头，用手指轻轻把太阳镜托起，眯着眼仔细审视那雄伟的飞碟形建筑物。哼地冷笑了一声，把唯一没变的双眼重新隐藏在太阳镜后。

山海小学的学生队伍本来就喧哗，再加上一只小特暴龙在里面穿进窜出，学生们更是吵闹得起劲，连雪鸡的目光都被吸引了过去。

"怎么回事？怎么会有恐龙出现在这里？"雪鸡很清楚，史前动物出现在现代一定是非法的，但非法的情况现在竟然出现在管理机构门前，这太不可思议了。他的心里隐隐有些不安。

古伟和阿虎已经事先跟同事打好招呼，这次是以普通小学生的身份来局里参观。阿洛抢在前面边走边到处张望，看到什么都大呼小叫，还硬拉着古伟和阿虎两人这看那看的。在总局工作人

员混合着诧异和好笑的复杂目光中，古生物专家古伟教授和"罪犯克星"阿虎队长，被一个小孩子拉着到处乱跑。

雪鸡跟其他游客一起，经过核对身份、人脸识别、DNA 匹配等手续后顺利地通过了安检，现在就站在时空管理总局接待大厅的中央，不可一世地环视着四周。他摘下太阳镜，放入夹克的胸前口袋中，拿出一个耳机戴在耳朵上。

雪鸡正想说些什么，突然，眼睛余光捕捉到身边跑过的几个小小的身影和一只小特暴龙。

"小朋友，等一下，问你个事情。"古伟前方的光被一道突然出现的巨大身影挡住，同时头顶上方传来沙哑的嗓音。

古伟仰起头，试图去看清面前这个像铁塔一样高大的男人的脸："你是叫我吗？"

由于身高差距太大，沟通起来令雪鸡感到有些吃力。他弯下腰，努力把习惯紧绷的脸部肌肉放松，做出了一个似笑非笑的表情。他尽量把一贯粗重的嗓音放轻缓，说道："是的。小朋友，那只恐龙是你的宠物吗？在哪里买的呀？叔叔也想买一只。"

古伟皱了皱眉头，可以确定从未见过此人。但不知为什么，这个人身上的气息有种让人不舒服但又熟悉的感觉，不过他还是有礼貌地回答："它不是宠物，是我的朋友。"

"这样啊，那我再问一下……喂，小朋友……"

古伟感觉到阿虎在背后轻轻拉了他一把，心中一动，对雪鸡挥了挥手，扭头就跑回了山海小学的队伍里。

小特暴龙拉面一直在古伟身边转悠，保持着高度的警惕，这时见古伟似乎放松下来，也跟了过去，把雪鸡一个人晾在了那里。

"哼，一会儿再收拾你！"雪鸡嘀咕了几句便

站直腰，使劲揉一揉笑得有点僵硬的脸。

雪鸡边给肌肉按摩，边发布指令，沙哑的声音通过贴在喉咙上的声带振动传声器，清晰地传送到先后混进时空管理总局同伙的耳朵里："大家按照事先的计划分头准备，给我上'点心'！"

阿虎拉着古伟远离了雪鸡，用眼角瞄着远处的雪鸡低声说："小心那个大个子，感觉这个人有问题。我刚刚已经跟安保人员叮嘱过了，让他们多多留意。"

"我也有种奇怪的感觉，好像之前见过这个人，却又想不起来在哪儿见过。"古伟点着头，表示也有同感。

见两个好朋友小声说着话，爱八卦的阿洛也凑了过来。听他们说着什么大个子，阿洛顺着古伟的目光搜索了一遍，嘀咕了几句："哎哟喂，那大块头走得好快，很赶时间吗？"

接待大堂东侧的男卫生间里播放着柔和的音乐，空气中弥漫着淡淡的薰衣草香味，此时雪鸡正在这里忙着装配他的工具。

这是一把 ARAS-41 微型自动步枪，零件全部采用高强度合成材料，通过 3D 打印技术打印出来，保证金属探测器发现不了。雪鸡把它拆成几个部分藏在身上，现在只要再把它重新组装起来就可以使用了。

步枪装配好后，雪鸡看了看手表，然后通过耳麦发出指令："所有人做好准备，1 分钟后行动！"

雪鸡站在镜子前心里默默地倒数，当倒数到 10 的时候，他洗了把脸，仔细审视了一下镜中的自己。面前的壮汉双目圆睁，铜铃大的眼睛里燃烧着狂热的火焰。

古伟、阿虎、阿洛三人领着拉面，随着山海小学的队伍继续参观。

时空管理总局拥有一个非常先进的古生物展厅，里面除海量的古生物化石外，研究员们还充分利用时空穿梭优势收集了很多古生物骨架。对！你没看错，是骨架而不是化石。这些骨架是研究员们为做研究而带回来的。另外，AR技术的全面应用，也令展区内热闹非凡，随处可见数码模拟出来的活蹦乱跳的史前生物。

在古生物展馆内，古伟就像回到自己家一样。他在参观的过程中担负起讲解的任务，讲得比时空管理总局的专业讲解员还要好，到后来讲解员干脆也变成了听众。

正当大家都聚精会神地听古伟讲解时，中庭大堂方向突然传来了几声巨响。

"轰轰轰！"

古伟他们虽然已经走到较为偏远的位置，但仍然能够感觉到地面的巨大震动，大家面面相觑。

爆炸声接连传来，与主楼有一定距离的古生

物展馆幕墙玻璃也被震得"咔咔"直响，紧接着就是砰砰的枪声像鞭炮一样响个不停。

小学生们没听过真实的枪声，军人出身的阿虎可太熟悉了，他立刻明白，出事了！

时空管理总局中庭大堂一片狼藉，有几个地方明显是被炸药炸过的，遍地都是碎片，还有火在熊熊燃烧。空气中充满了硝烟的味道，洁净明亮的大堂被破坏得凌乱不堪。

一群人双手抱头蹲着，被二十几个手持武器的蒙面人围在大堂中心。另有二三十个受了伤的人被集中在一侧，不时发出痛苦的呻吟声。

雪鸡站在大堂中央，没有蒙面，他现在的形象跟之前大不相同，就连自己对着镜子都认不出来。况且雪鸡一贯嚣张，遮脸可不是他的风格。尽管看上去已经掌控了局面，雪鸡还是在不停地发出指令："大家给我仔细听好，ATS 的人 1 分钟内就会把我们团团围住，动作必须快！大狗，你

负责安排人手封锁各个出入口；耗子，你带些人去地下的冷藏库取博士要的东西。各位兄弟做好准备，今天之后，我们要全世界听到我们的名字就颤抖，哈哈哈！对了，胖子，带人去帮我抓几个小孩子过来，尤其是那个带着恐龙宠物的小男孩儿。"

学生们已经通过紧急广播得知了袭击事件，幸好有过自然灾害逃生的训练，而且武装分子一时间还没攻过来，学生们在老师的带领下赶紧向安全区域转移。

拉面从进入古生物展厅就处于亢奋状态，可能是很久没见到同类的缘故，它一直在兴奋地到处乱窜。古伟完全沉浸在讲解状态，根本没留意它越跑越远。阿虎和阿洛两人全程跟着古伟，结果要紧急撤离时才发现拉面不知去向。古伟和阿虎决定去把拉面找回来。阿洛虽然害怕得直发抖，

却执意要跟着他们一起去，怎么劝说都不听。三人只好一起出发了。

古伟三人吹着只有拉面能听懂的特殊口哨四处寻找。平时拉面一听到口哨声就会跑过来，但这次它一直没有出现。

一阵凌乱的脚步声由远及近，这不是拉面脚掌踏在地板上的"啪嗒"声，而是军靴声！阿虎马上示意大家安静，随即拉着古伟和阿洛钻进旁边尖角龙展区的草丛里，赶紧藏了起来。

三人刚藏好，两个端着枪的蒙面人就跑了进来，为首的是个体重起码有 200 斤的大胖子，嘴里嘟囔着："老大也真是的，叫我们来抓什么小孩子，累死我了。"随即大声吩咐手下："刚才有人看见那几个小孩子往这边来了，给我仔细搜！"

听到那个大胖子这么喊，古伟和阿虎更是大气都不敢喘。偏偏这时候，阿洛凑到阿虎耳边轻声问了句："哎，你说那个大胖子是不是在找我们？"

阿虎一把捂住阿洛的嘴，狠狠地瞪了他一眼。

两个蒙面人非常有经验，搜查得很仔细、很迅速，马上就要搜到古伟三人躲藏的展区了。

大胖子走在前面，另一个蒙面人在他身后警戒。大胖子走到草丛边，把枪管伸进草丛中开始翻找。

阿虎把古伟和阿洛护在身后，紧握拳头，做好了出手的准备。他打算全力出击把大胖子打倒，然后夺过武器再把另一个制服。

枪管拨动草丛的声音越来越近，古伟三人甚至都能闻到大胖子身上的烟味。阿虎绷紧了全身的肌肉，随时准备出击。

时空管理总局环形中心接待大厅，雪鸡环视四周，目前的局势令他非常满意。这次的行动迅速而精准，而且都取得了预期效果。

"喂，我说艾迪，你究竟还要弄多久？我可

不想 ATS 都冲进来了，你还蹲在那里破解密码！"
雪鸡吼道。

　　古生物研究所 DNA 信息中心的机房里，蹲着
一个小个子男人，他就是艾迪——一个事先潜伏
在机房中，趁时空管理总局大乱，伺机偷取核心
资料的电脑高手。他手上不停地摆弄着解码设备，
对耳机中传来的大嗓门很不满，皱着眉说："放心
吧，再给我 1 分钟。"

　　雪鸡也无可奈何，毕竟，这次搞这么大动作
就是为了掩护艾迪。

　　身为一个 12 岁小学生，阿虎很清楚，即使每
天坚持不懈地保持高强度训练，还是无法跟一个
200 斤的大胖子正面对抗，因此必须找到一个合
适的时机，瞬间把他打倒。

　　阿虎身体微蹲，左手轻按地面，右臂弯曲收
在胸前，右手虚握拳头储蓄着力量，只等面前草

丛被拨开的一瞬间。

　　古伟蹲在阿虎身旁，手里握着一根从草丛中找到的如胳膊般粗的木棒，全神贯注地留意着草丛外的动静。别看古伟是位古生物学家，但长期的野外考察经历，使他无论是野外生存能力，还是对付野生动物的手段，都不逊色于阿虎。

　　后面的阿洛则完全是另一副模样。他满头大汗，用力用到已经发白的双手，紧紧地握着在草丛中捡到的木棒，整个身体因为极度紧张而微微颤抖。

　　大胖子一边唠叨一边拨动草丛，眼看再拨一下就要发现古伟他们了。突然，背后一声带着稚气的怒吼把他吓了一跳，大胖子立即转过身，看见一只张着大嘴、迈着两条长腿、浑身毛茸茸的小恐龙，正向他们飞奔过来。

　　那正是小特暴龙拉面。

　　拉面刚才看见古生物展厅里那些由 AR 技术

重现、栩栩如生的各种恐龙，高兴得不得了，就一直追着它们到处跑，接连的爆炸声和枪声都没能打扰到它。

直到听到古伟的口哨声，拉面才循声找来，刚好看见两个蒙面人正对着草丛乱翻，于是大吼一声猛冲过来。拉面之前可是货真价实的王者，尽管现在变小了，可王者之风却丝毫没有减弱。

看到只是一只小恐龙，刚刚被吓到的两人一下就放心了。大胖子狞笑着举起枪，瞄准了拉面，打算报刚才被吓之仇。

就在此时，背后的草丛突然被拨开，一个矮小的身影高高跃起，双拳狠狠地击打在大胖子的太阳穴上。大胖子两眼一黑，没来得及哼一声就摔倒在地。古伟几乎同时从侧面冲出，抡起木棒照着另外一个蒙面人的双手一砸。由于被大胖子挡住了视线，站在他身后的同伴都没看清发生了什么事，就被古伟的木棒敲在手腕上，双手剧痛，

"哎呀"一声惨叫，枪便掉在了地上。

小特暴龙拉面"嗷呜"一声冲上前，把那人扑倒在地，张开大嘴，一口咬住他的肩膀。拉面满嘴香蕉形的牙齿非常锋利，巨大的咬合力令牙齿深深嵌入皮肉，蒙面人疼得哇哇大叫，拼命挣扎。

"啊呀呀……"古伟身后一声怪叫，阿洛咬牙切齿地冲出来，一棒子就朝那人脑袋砸了下去，"咔嚓"一声连木棒都砸断了，蒙面人直接晕了过去。

古伟冲过去一把抱住拉面："你跑哪儿去了？以后不能再到处跑了！"

阿洛则兴奋得手舞足蹈，觉得自己是个很勇敢的英雄，浑然忘了之前紧张得快要哭出来的样子。

这时，扩音器的巨大声浪清晰地传入接待大厅："里面的人听着，这里是 ATS，你们已经被包围了，马上释放所有人质，放下武器出来投降！"

艾迪也恰恰是在这个时候，把核心资料弄到了手。雪鸡立即指挥手下撤离。

第五章
前往白垩纪

撒退计划并不复杂，行动之前就已经设计好了，那就是利用时空管理总局的虫洞离开。

整个行动的设计者对时空管理总局了如指掌，他很清楚，如果跟 ATS 正面冲突的话，不是被消灭就是被逮捕，不会有第三种可能。

一般当这种大型机构遭遇袭击时，由于不知道参与袭击的人数有多少，加上工作人员和参观者人数众多，会先把机构里的无关人员进行疏散，接着把整片区域封锁起来，然后再进行抓捕。

也正是利用了这一特点，雪鸡这帮人在 ATS 还没有展开行动前，会有足够的时间接应从古生物研究所机房出来的艾迪，穿过古生物展厅到达虫洞大厅，利用事先得到的验证密码开启虫洞并离开。

古伟等人所在的古生物展厅，正是通往虫洞大厅的必经之路。

古伟和阿虎赶紧找东西把被打晕的两个蒙面人捆起来，然后长长地松了一口气，瘫坐在地上。毕竟都是小孩子，就这几下，已经消耗了他们俩全部的力气，两人大口喘着粗气。阿洛倒是来了精神，他涨红着脸，挥舞着手里的半截木棒，兴奋地绕着两个蒙面人不停转圈。拉面则显得冷静得多，虽然它以前没咬过人，但对捕猎经验丰富的它来说，这实在算不上是一场战斗。

休息片刻后，他们便赶紧离开，万一对方不

死心再派人过来就麻烦了。不过，这时大楼里的工作人员和参观者早已疏散了出去，按照反恐流程，各主要出口以及所有通道之间的安全闸门也都已关闭，古伟几人也出不去了。

"要不我们就躲在这里等安全了再走？"阿洛总算冷静了下来。

阿虎想了一下，说道："嗯，目前看来也只能这样了。我们先找地方藏好，等 ATS 的人员把蒙面人都抓起来……"话还没说完，只听传来一声沉闷的巨响，整个古生物展厅都跟着晃动了几下。

古伟几人面面相觑，拉面却很好奇，抬起大脑袋站直了身体，大嘴巴微微张开，发出短促的"嘤嘤"声，有神的眼睛直盯着巨响传来的方向。

没过多久，又是轰的一声，这次阿虎直接跳了起来："糟了，蒙面人想用炸弹破门，好像要到这边来了！"

接连的爆炸声，蒙面人似乎越来越近了，该

怎么办？

阿虎毕竟是军人，当机立断手一挥，招呼道："快，先把这两个蒙面人拖到一边去。我们也藏起来，等他们走了再说。"

两个蒙面人，一个是200来斤的胖子，另一个也很强壮，3个小学生费了九牛二虎之力才把他们拖到草丛深处。三人拉着拉面刚藏好，古生物展厅的安全闸门就"轰"一声被炸开了，沉重的钢制闸门飞出几米远，"哐当"一声，砸在光洁的大理石地面上。

灰尘还未散落，雪鸡铁塔般的身影就冲了进来。

他看了看四周，自言自语道："奇怪，胖子他们俩到底跑哪儿去了？抓个小孩子，去了这么久！"

雪鸡一伙人着急离开，并没有仔细查看周边。他们迅速穿过古生物展厅，朝时空管理总局深处

一路炸了过去。

"那个方向是虫洞大厅！"古伟率先发现不对劲儿。

阿虎已经完全忘了现在的自己只有 12 岁，军人的血性让他决定跟上去。他紧握拳头的右手向左手手掌狠狠一砸，咬牙说："走，我们跟过去看看！"

古伟也觉得有必要弄清楚整个事件的来龙去脉，起身就跟了过去。

阿洛一听要跟踪那伙蒙面人，脸瞬间变得毫无血色，刚才得意的神情荡然无存。他上前拉住古伟和阿虎，用颤抖的声音说："你……你们，他……他们有枪，我们跟过去……会不会太危险了？"

阿虎甩开阿洛的手，脱口而出："我是军人！你在这里藏好，ATS 应该很快就会过来，到时候你跟着他们出去。"

古伟和阿虎跑开了，拉面回头瞟了阿洛一眼，也跟了上去。

"嘿！好你个拉面，敢小看我？"阿洛气得直翻白眼。他定了定神，四处张望，偌大的古生物展厅里空空荡荡的，除了逐渐跑远的古伟、阿虎和拉面的背影，数字化的恐龙们仍然在大厅中晃来晃去，但电力似乎不太稳定，这些恐龙形象歪歪扭扭的，叫声也忽高忽低。

一阵风吹来，阿洛打了个冷战，感觉自己的每一根头发都竖了起来。"古伟、阿虎、拉面，你们等等我！"阿洛小声喊了一句，拔腿就朝着古伟等人的方向追了过去。

雪鸡一伙人已经来到了时空管理总局深处的虫洞大厅。他们上下打量着专为开启虫洞提供庞大能源的小型核聚变反应堆——说是小型，但也有三层楼那么高。

"艾迪，病毒植入到主机里了吗？"雪鸡仰头看着反应堆，问一旁不停忙碌的小个子艾迪。

艾迪正把便携设备接到核聚变反应堆的控制台上，听到雪鸡的问话后手里停顿了一下，低头回答道："博士交代尽量不要让时空管理总局和古生物研究所察觉数据丢失，所以你给的病毒我并没有植入。"他边说边继续忙活，他要尽量争取时间，如果不能赶在 ATS 到达前成功开启虫洞，那大概就得在监狱里度过后半生了。

雪鸡转头，狠狠地盯着艾迪，咬牙切齿地挤出来两个字："好的！"他知道艾迪是个计算机天才，也是博士的心腹，这次是临时被

调派过来的。但是，他没想到这小个子胆敢不听他的话，真想好好教训一下他！

可是雪鸡不敢，真得罪了博士他就只能亡命天涯了。

"抓紧时间，赶紧撤离！"雪鸡最终还是放缓了语气。

这时，古伟三人也到达了虫洞大厅。3个小学生目标并不大，现在的拉面也是小个子。他们以一片狼藉的瓦砾为掩护偷偷溜了进来，在几部巨大的机柜后隐住身形。

刚喘几口气，阿洛就凑到阿虎跟前好奇地眨着眼睛问："阿虎，你刚才说自己是军人，你什么时候当的兵？"

阿虎一愣，糟糕，刚才一着急说漏嘴了。没办法，阿虎只好支支吾吾含糊回应："没有啦，你听错了，我的意思是我是出身军人家庭，我爸爸是军人。"然后他赶紧扭头跟古伟商量对策，顺便引开话题，"对了古伟，你觉得他们想干什么？"

突然，有几个蒙面人不知从哪儿搬来一些重物堵住了入口，剩下的几人都在检查车库中排列得整整齐齐的车辆，看来他们是在挑选准备用来逃跑的车。

古伟三人见状暗呼好险，假如他们不是早一步进来，很有可能正好被那几个人碰上。

古伟悄悄探出头仔细观察，然后缩回机柜后面，轻声说："我猜他们是想通过虫洞逃跑！"

"啊？"

"不会吧？"

"嘤嘤嘤……"

阿虎和阿洛瞪大了眼睛不敢相信，连拉面也摇晃着大脑袋。小特暴龙在那次突变的虫洞之旅中智商被强行提升了很多，再加上脑电波同步项圈的帮助，又与古伟、阿虎和阿洛等人朝夕相处，因此早已具备了与人类简单交流的能力。

　　古伟继续说："大家看，他们是直奔虫洞大厅来的，路上没有丝毫犹豫。我们就跟在他们身后，可以说是前后脚，一进来就看到一部分人在试图打开控制台，另外一部分人有的去堵住入口，还有的去检查车辆，显然是之前就计划好的……"

　　阿虎眉头紧皱，恍然大悟道："对呀，操作控制台是要打开虫洞，堵门是拖延追兵，查看车辆自然是想开车逃跑，他们还真是每一步都计划好了！"

　　古伟点点头继续说："虽然要开启总局的虫洞需要很多项手续，但看样子，他们应该是有办法的，现在的问题是我们接下来怎么办。"

　　"还用问吗？肯定是跟上去！ATS 还没赶到，不能让他们跑了。"阿虎依然是军人作风。如果眼睁睁看着犯罪分子在自己眼皮子底下逃走，那是绝不允许的！

　　阿洛有些打退堂鼓。他跟过来可不是因为职

责或者勇气，纯粹是因为不敢自己一个人待着。他可不想冒险去跟踪一帮有枪的亡命之徒。

"我不同意！我们只有12岁，还是小学生，又不是特种兵。要去你们去，我才不去呢！"阿洛越说越激动，手舞足蹈地要加强自己的语气，没想到动作有点儿大，一脚踢在机柜上，发出砰的一声脆响。

糟糕！

几个小学生还没来得及做出反应，耳边就响起了粗犷的笑声："哎哟喂，我们有客人来了，别蹲着了，都乖乖出来吧。"几个蒙面人端着枪把古伟几人围住。雪鸡回头怒视着其他人说："居然被几个小学生跟踪了一路都没发现，以后出去别再说是跟我雪鸡混的！"

没办法，古伟三人只好从机柜后慢腾腾地挪出来。

"搞定！"另一边艾迪欢快的声音传了过来。

他已经取得了虫洞控制台的操作权，可以开启虫洞了。

虽然雪鸡非常不喜欢艾迪，但不得不承认这小子确实很厉害。他"哼"了一声，大手一挥说："设定好时间，目的地——白垩纪博士的伊甸园，开启虫洞，全体出发！"

"啊！"听到要去白垩纪，阿洛的小心脏不禁猛然加快跳动，都快要从嗓子眼儿里跳出来了。在学校的时候，他跟小伙伴们聊天，总是憧憬着有一天能穿越时空去旅行，现在这突如其来的机会怎能不叫他兴奋！但又一想，他是被当作俘虏押往白垩纪的，这令阿洛立刻像泄了气的皮球，剩下的只有担心和害怕了。

古伟和阿虎对视了一眼，又同时看了看脸色惨白的阿洛，不禁同时叹气：最终还是连累了这个小伙伴。

小特暴龙拉面反倒一副无所谓的样子，它昂

着头左顾右盼，一点儿都不觉得害怕，甚至还通过脑电波同步项圈安慰几个小伙伴："别担心，回去就是我的地盘了。"拉面这几个月一直在古生物研究所生活，耳濡目染中已经理解和学习了不少知识。它早已得知自己所在的时代就是白垩纪，现在蒙面人要去的正是自己的时代。

"小朋友，你跟我坐同一辆车吧，我们多交流交流。"雪鸡说着把古伟推向一辆车，拉面"嘤嘤嘤"地紧跟在后面。

阿虎也想跟过去，却被一个大块头一把拦住："你们两个跟我走！"说着把阿虎和阿洛带向另一辆车。

阿虎可是 ATS 第五大队的前队长，什么时候被罪犯挟持过，简直是奇耻大辱！可现在只有 12 岁的他什么都做不了，只能暗暗咬牙：好，我忍着，等我恢复的那一天！

嗡的一声，核聚变反应堆开启，控制台上五

颜六色的指示灯不停地闪烁，同时在大厅一端被称为"时空之门"的巨大金属框入口处，能量聚集波动，高度密集的能量令空间产生了扭曲。很快，入口处蓝光闪烁，如镜子般光滑的虫洞打开了。

"我们走，去白垩纪！"雪鸡大吼一声便第一个驾车冲进了虫洞。

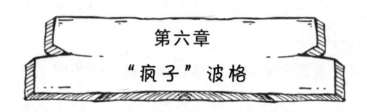

第六章

"疯子"波格

这一次的虫洞之旅非常顺利，眼前一暗一明，就来到了另外一个时空。

"哼，如果不是博士下令不能破坏时空管理总局的建筑和设备，我临走前一定再送他们一份'大礼'！"雪鸡小声嘟囔着。

坐在他旁边的古伟听了，暗自捏了一把汗，幸好雪鸡没能如愿，否则时空管理总局这次的麻烦就更大了。

"小子，竟然睡着了？白垩纪到了。"雪鸡见古伟坐在那儿闭着双眼，推开门把他带下车，拉面也赶紧跳出来紧紧跟在后面。

古伟下车微微踉跄了下，赶紧站直身体开始观察四周。

虫洞在蒙面人全部通过后就自动关闭了，现在他们所在的地方看起来是一个巨大的建筑物内部。洁白的天花板上一顶吊灯发出柔和的光，照亮了整个空间。房顶很高，距离锃亮的金属地板足有十几米，显得非常空旷。四周停放着各种车辆，还有整整齐齐码在一起的各种设备和物资，看来这里应该是个仓库。

雪鸡带着古伟往里走，其他蒙面人都在各忙各的。

古伟只来得及跟阿虎和阿洛打了一声招呼，就被雪鸡拽走了。古伟被拽着通过一扇门，走过一小段短短的通道，来到了一扇更大的门前。门自动滑开，里面的景象呈现在古伟面前。

"这……这是什么东西？"

里面有点黑，古伟稍稍适应了一下，随即被映入眼帘的景物吓了一大跳，连跟在后面的拉面也"呜呜呜"低吼着。拉面全身肌肉紧绷，大脑袋微微低下，背上的绒毛根根竖起，身体呈现出随时准备战斗的姿势。

大门里面有一个非常大的空间，可古伟和拉面顾不上仔细观察，因为他们俩的视线全部集中在一个东西上。

这个东西，不，这是一个有十几米高的人！

偌大的空间，只有这个"人"被聚光灯照射着，其他地方黑漆漆一片，什么也看不到。

雪鸡似笑非笑，似乎对古伟现在的表现很满意。他甚至放开了古伟，还稍稍退后了几步，在他看来，到了这里，就算古伟插上翅膀也飞不出去。

古伟强迫自己定了定神，拍了拍拉面的脖子让它放松，然后小心翼翼地向那个"人"靠近。那个"人"始终保持着一个姿势，一动不动，像一尊雕塑。

绕着这个"人"转了几圈，古伟大为惊讶，这居然是个标本！

这个"人"的确像是按照比例放大的人类，不过与普通人类还是有区别的。他没有头发，扁平脸，没有鼻梁，鼻孔是直接长在脸上的，一双比普通人比例大得多的眼睛，瞳孔像猫一样呈竖线状。他的嘴很大，一直咧到耳朵边，嘴里有两排尖细的牙齿，明显是个食肉性生物。他的手臂很长，手掌都快垂到膝盖了，5根手指上长着又长又尖的指甲。他的肌肉非常发达，看上去力大无穷的样子。他的胸部、肩膀、后背、手肘和大腿位置的皮肤明显有一层角质层，就像穿了盔甲一般——整体上可以用"人形坦克"来形容。

白垩纪居然有这样的巨人出现过，却又没有化石保存下来？古伟皱着眉头想了一会儿，突然失声叫道："这是……恐龙人！"

拉面本来一直盯着"巨人"，唯恐他突然动起来，听到古伟的叫声，它不解地看向古伟，再抬头看看"巨人"，慢慢消化刚才听到的那3个字。

古伟没有立即解开拉面的困惑，他一边绕着"巨人"仔细观察，一边自言自语："没错，这就是恐龙人！完全符合档案里的描述，真是太不可思议了！"

古伟激动的情绪逐渐稳定下来，又马上陷入了沉思，还小声嘀咕着："不对呀！对恐龙人的描述是基于6 600万前大灭绝事件没有发生的前提，而且恐龙得经过几千万年的演化才能到这样的形态。很多细节不太对，有人为的痕迹，这是怎么回事！"

"精彩！"整个大厅突然变亮，一阵掌声突然

响起。一个头发花白的高个子老人从旁边的一间玻璃房里走出来，边走边鼓掌。他面容消瘦，满脸皱纹，看上去至少也有 70 岁了，一个巨大的鹰钩鼻非常醒目。他身穿白大褂，宽大的褂子就像挂在一个衣架上似的，飘飘荡荡。

"你……你是波格博士？"古伟再一次感到惊诧。

"嗯？你居然知道我？真是一位有意思的小朋友。"这次轮到老人吃惊了，他没想到一个小孩子居然能把他认出来。不过看他笑眯眯的样子，似乎心中颇为得意。

古伟当然能认出这位波格博士，在古生物界他可以说是无人不知无人不晓。波格博士原本是时空管理总局的首席古生物专家，同时也在时空管理总局下属的古生物研究所担任所长，是古生物学界的权威人物。他在基因工程方面有极深的造诣，算得上是泰斗级别的人物。

不过，波格博士性格偏激、固执，后来走火入魔般沉迷于用基因技术改造人类体质的禁忌研究上。他认为恐龙是比人类更先进的物种，既然时空穿梭的技术已经成熟，就应该参照恐龙，提取恐龙的基因来改造人类，这样才能让人类演化成更高级的物种。

这种观点在当年迷惑了不少人，甚至同行中的一些知名科学家也认同他的观点。于是，波格博士不顾法律和道德的约束，坚持开展基因改造研究工作，接连制造了不少非人非龙的怪物出来，引起轩然大波。这种违法行为被科学界口诛笔伐，同时也被联合国、时空管理总局以及其他国家的警方通缉。波格博士一时间成为最危险的科学狂人，也因此获得了一个"疯子波格"的称号。可是后来，波格博士突然销声匿迹，再也没人见过他了。

在这里见到波格博士，古伟恍然大悟。为什么雪鸡这伙恐龙猎人能寻找到恐龙新物种？为什么蒙面人在时空管理总局自由来往，如入无人之境？为什么这伙人要去古生物研究所的主机盗取资料？……没想到雪鸡的幕后老板居然是波格博士，之前的种种疑问有了答案。波格博士在时空管理总局和古生物研究所工作多年，对那里的一切了如指掌。

雪鸡凑到波格博士耳边嘀咕了几句，波格博士的视线最终落在了古伟身边的小特暴龙拉面身上，他嘴角泛起一丝诡异的微笑。

"救命啊古伟，看他的样子，肯定想对我做些什么！"看着波格博士的表情，拉面打了个冷战，退后几步，躲到了古伟身后。拉面通过观察波格博士的一些细微动作，明显察觉到这个人对自己不怀好意。

古伟轻轻拍了拍拉面的大脑袋，安慰它说：

"别担心，他们把我们带到这里来肯定是有什么目的，在没有达到目的之前，我们应该还是安全的。"

波格博士走到古伟跟前，"和颜悦色"地说："当他们跟我报告，说有小学生带着恐龙出现在时空管理总局，我就专门做了调查，发现你居然跟古生物研究所一位年轻的教授同名同姓。如果不是查到他现在长期在野外科考，而且年龄相差实在太大，我还真当你们是同一个人呢。"

波格博士稍稍停顿了一下继续说："我还发现另一件很有趣的事，古伟小朋友竟然也是一位小古生物专家，跟菲利普·柯里院士的校园对话还引起了轰动，大家都说你有博士的水平。连时空管理总局都特许你领养了一只叫作拉面的小恐龙，应该就是你身后的这只吧？"

说着，波格博士向古伟招了招手示意跟他走，然后边走边说："难得来了一位跟我兴趣相投的

人，虽然年纪小了点儿，但总比跟那帮粗人聊天强得多。"

古伟担心阿虎和阿洛的安危，他可没心思跟波格博士聊天。他站在原地，大声对波格博士说："不管这里是什么地方，请你放了我的两位同学！"

波格博士看了看古伟，见他态度很坚决，便回头对雪鸡吩咐："别难为古伟小朋友的两位同学，要好好招待他们。你去吧。"

雪鸡撇了撇嘴，"嗯"了一声扭头离开了。"恐龙巨人"的脚下现在就只剩下古伟、小特暴龙拉面和"疯子"波格博士了。

"来来来，古伟小朋友，作为主人，我带你参观一下我的实验室。"波格博士热情地招呼古伟和拉面。古伟想到现在也没什么更好的办法，只好跟了上去。

古伟这才仔细打量起四周："恐龙巨人"的周

围，是用透明玻璃分割成的很多大大小小的隔间，网状的通道分布其中，形成了一个以"恐龙巨人"为中心的辐射状分区。空间一直向里延伸，看不到尽头。

绕过"恐龙巨人"，正后方是个非常大的玻璃隔间，走进去能看到各种各样的科学仪器，整个空间明亮通透，的确是个做研究的好地方。

在这个对古伟来说充满了吸引力的实验室里，他瞬间变回毫无自制能力的小男生，两眼放光地摸着这些对他来说是大玩具的科学设备，咧着嘴，口水都快滴到洁净的工作台上了。

"超高分辨率光学显微镜，X-射线微型计算机断层扫描仪……"

对古伟来说，这里简直就是一个乐园。看到这些先进的仪器，他几乎连自己的囚徒身份都忘了。小特暴龙拉面则是一脸懵懂，这些不能吃的东西对它来说没有任何意义。

"古伟同学，你喜欢的话，可以随便看，这里对你是完全开放的。"波格博士依然面带微笑，带着古伟和拉面一间一间地参观。

这个巨大的实验区按功能划分为：微生物实验室、细胞生物实验室、分子生物实验室、组织培养实验室……应有尽有；样品前处理区、样品保存区、培养过程区……井井有条。

越往后，实验室等级越高，有不少设备连古伟也是第一次见到，似乎都与基因工程有关。波格博士仿佛对古伟并没有什么防备。古伟查看了电脑里正在运算的资料和数据，越看越觉得不对劲。

这个实验室明显是在研究基因改造，而且通过不少样本和数据。古伟发现，他们的研究方向竟然是改造人类！

波格博士跑到白垩纪果然还是为了这个！

走过实验室区，经过一扇巨大的门，再往里

又是一个巨大的空间。门刚打开，一股浓重的腥味扑鼻而来，这是一种难以形容的味道，似乎混杂着许多不同动物的气味。

古伟捂着鼻子定神一看，不禁出了一身冷汗！这里简直就是 19 世纪欧洲那种千奇百怪展的现代版啊！

波格博士来到这里，一点儿不介意那呛鼻的古怪气味，似乎开始兴奋起来："欢迎古伟同学来到我的伊甸园，你可是这里的第一位客人！"

伊甸园？说得好听，实际上就是关押实验品的区域。各种奇形怪状的动物被关在一个个金属笼子里，有的蜷缩在角落，有的烦躁不安地嘶吼着来回走动，还有的在不停地撞击着笼子以宣泄自己的怒火……整个区域被一种极端诡异的气氛笼罩着，虽然灯火通明却令人汗毛直竖。

古伟领着拉面从金属笼子前走过，仔细观察着笼子里的动物。

靠里面的角落，一只暗褐色的老鼠正缩成一团。它比一般家鼠稍大，一双红色的眼睛直盯着面前的人类。老鼠的前爪特别长，嘴角两侧有一对钳子般的弯牙，一副恶狠狠的样子。老鼠晃动着它那灵活的节肢状尾巴，尾巴末端有一个硕大的毒钩，就像是一只变种的毒蝎。这是"蝎尾鼠"，有极强的攻击性，看到古伟凑近，便吱地一声蹿了过来，尾钩以迅雷之势朝古伟眼睛刺去。

古伟没想到蝎尾鼠如此凶猛，看到毒钩刺过来，他吃了一惊，想躲，却发现身体不听使唤，下意识地闭上了眼睛。只听啪的一声，蓝光闪动，笼子的金属网格发出的高压电电得"蝎尾鼠"跳了起来。它连连哀嚎，又灰溜溜地躲回角落里去了。

像这种完全不符合生物进化规律的动物，在这里到处都是，嘴巴张开呈菊花状，长着一层层尖牙的恶犬；双臂是巨大蟹钳，背上有骨刺的火

鸡；还有长着一双大镰刀前臂的伶盗龙，怎么看都像是螳螂的祖先……

巨大的空间里，满是奇奇怪怪的动物，这些动物不可能天然就长成这个样子，一定都被人为改造过基因，大厅中的"恐龙巨人"估计也曾经是这里的一员。

古伟越看越震惊，小特暴龙拉面也在瑟瑟发抖。与人类接触的这段时间，拉面从没想到会有如此疯狂的人存在。这位波格博士，真是什么事情都做得出来。尤其是到了白垩纪，没有现代社会中伦理和法律的束缚，他更加肆无忌惮了。

由如此规模的实验室可以推断出，波格博士来到白垩纪已经有相当长的时间了。经过了这么长的时间，不知道他的研究是否取得了成果，他最终要研究的又是什么呢？

第七章
神秘的新朋友

　　就连视法律如无物的雪鸡，也认为波格博士是个不折不扣的疯子。如果不是因为波格博士可以给他提供源源不断的资金和庞大的关系网，雪鸡绝对不会听命于他。

　　波格博士人脉极广，无论是富可敌国的生意人还是野心勃勃的政治家，都跟他有着千丝万缕的联系。这些人有一个共同的目标，那就是通过资助波格博士的研究，达成他们不可告人的目

的——拥有超越普通人的强悍体魄，甚至是无限的生命。

在庞大资金的支持下，波格博士在白垩纪建立了人类基因改造基地。而他又以巨额的佣金，雇用了一批有一定军事素养的恐龙猎人，只要他们可以按照名单按时把恐龙抓回来，就能得到一笔不菲的回报。

为波格博士工作有一段时间了，雪鸡很清楚他对生命的看法，那就是无视一切生命。所有生命体在波格博士眼中只分三类：有实验价值的、有利用价值的和没有任何价值的。

波格博士对没有任何价值的生命体会毫不犹豫地舍弃，绝不浪费哪怕一丁点儿资源。每每想到这些，傲慢的雪鸡也不得不低头，听从波格博士的吩咐。虽然雪鸡谈不上忠心，但也不敢轻易顶撞波格博士，且不说他拥有的庞大势力，单就他研究出来的那些古怪动物，想想都令人头皮发麻。

"这两个小孩子到底要怎么处理？"雪鸡挠着头想了半天，还是没想出什么主意来。

自从被蒙面人带到了白垩纪，阿虎和阿洛就被丢在一边，只有一个大块头看着他们。

阿虎表面上装出一副害怕的样子，实际上他一直暗中观察着四周的情况。他早已把走过的路线和敌人的分布情况一一记在心里，并筹划着如何在脱险后去营救古伟和拉面，然后想办法跟时空管理总局取得联系，让 ATS 赶来抓人。

真正的 12 岁小学生阿洛，现在则是真的害怕了！他眼神呆滞，面无血色，仰头看着面前的大块头，手脚都不知该往哪儿放了。

"万一这伙人心情不好，给我一枪，我可就再也没机会见到爸爸妈妈了……就是不知道会不会变成化石，被几千万年后的人们再挖出来……"

阿洛胡思乱想，越想越害怕。

"唉，不管了。大熊，先把他们关进货场的笼子里，波格博士说不定会拿他们做实验。"雪鸡懒得再去想。

大熊脑子似乎不是太灵光，他左思右想好一会儿，才恍然大悟道："哦，老大，您的意思是把他们关在恐龙货场里吗？"

雪鸡本就性格急躁，他不耐烦地大声吼道："快，不然我把你也关进去！"

大熊见老大发火，连忙赔着笑，推了一把阿虎和阿洛，把还在出神的阿洛推了个趔趄。

恐龙货场在建筑物的另一边，一路穿过走廊，阿虎仔细观察，把经过的路线牢牢记住。这里很大，走廊七弯八拐没完没了，路上还遇到不少穿着白大褂、看上去像是科学家的人忙忙碌碌地走来走去，这令阿虎倍感疑惑："这里不是恐龙猎人的基地吗？怎么好像一个研究所？这究竟是什么地方？"虽然他也听蒙面人说到过什么博士，但他还是有些想不明白。

"哼，你们两个小家伙快走，一会儿我一定挑一个最合适的笼子给你们住！"大熊边走边说。

阿虎没理他，碰了碰旁边有点魂不守舍、闷着头走路的阿洛，悄声说："阿洛，有空的话帮我多留意一下四周，我怕看漏了什么细节……阿洛，你怎么了？"

"惨了！这次可能真的回不去了。唉，早知道就躲在恐龙展厅好了……嗯？什么？"自怨自艾的阿洛被阿虎在耳边喊了一声，才回过神来。

"不许说话！很快就到地方了，到时候你们再慢慢聊。"

又拐了个弯，到了走廊的尽头，一道气密门出现在三人面前。"站着别动！"大熊瓮声瓮气地说。他用手在走廊的墙壁上一阵摸索后，握住一

个拉手用力往下一拉，气密门就滑开了。门内的灯光自动亮起，天花板上一盏红灯也同时开始闪动，蜂鸣器也嘀嘀嘀地叫个不停，提醒来者注意气密门已经打开。

"这……这是要干什么？难道是毒气室吗？"阿洛被吓了一跳，连退好几步，他双眼直愣愣地盯着那不停闪烁的红灯，不由自主地抓住阿虎的手臂，浑身发抖。

"没事的，只是一个气密门。"这种气密隔舱阿虎走得可不少，他见阿洛怕成这个样子不禁觉得好笑，"中生代的白垩纪，大气中二氧化碳浓度是现代的 4 ~ 10 倍，人类是不能直接暴露在空气中的。气密隔舱可以把室外不适合人类直接呼吸的空气，与室内能够供人自然呼吸的空气隔绝开。"

"没想到你这个小家伙知道的东西还真不少，赶紧走！带你们走这么远我都饿了。"大熊揉着肚子不耐烦地说。其实他是不好意思，因为他只知道这是气密隔舱而已。

3人进入气密隔舱，背后的气密门无声地关上，蜂鸣器的嘀嘀声也随之停了下来，只有红灯依然闪个不停，时刻提醒舱内的人，门外就是中生代的蛮荒世界。

大熊拉开旁边一个柜子，从里面掏出一个巴掌大的盒子，打开它，里面端端正正地放着一个银闪闪的贝壳状物体。

阿洛一看就愣住了，瞪着眼睛问："这是什么东西？银子打造的贝壳吗？"

跟阿洛的反应不同，阿虎倒是明显松了一口气，他拍了拍阿洛紧握着自己胳膊的手，示意他放松。阿虎走上两步伸手就把那片贝壳拿了起来，而大熊在旁边只冷眼看着，完全没有要解说的意思。

"阿洛别紧张，这是微型空气转化器植入器，你看着我怎么做。"阿虎边说边轻轻用手捏了捏贝

111

壳。随着嘀的一声轻响，贝壳的周边亮起一圈蓝莹莹的微光，似乎已经被激活，处于随时能够使用的状态了。

"知道这玩意儿怎么用吗？别把自己弄伤了才来怪我没说清楚。"大熊斜着眼看着阿虎操作，他觉得必须打击一下这个小家伙，以显得自己很聪明。

阿虎没理会大熊。他仰起头，用手摸着自己两根锁骨交汇处上方，确定好气管位置，然后把贝壳按在定好位的地方。这贝壳非常神奇，一碰上皮肤就自动粘贴住，周边的微微蓝光随即变成了绿光，并且发出短促轻微的"嘀嘀"声。过了几秒钟，短促的声音变成长音，贝壳周围的绿光又重新变回蓝光。阿虎这才用手指把贝壳掀下来。

"看清楚了吗？事先确定好气管植入的位置，然后把贝壳贴在上面，它就能自动给你植入微型空气转换器。在这个过程中，你只需要留意听它的声音就行，很简单。按照我刚才做的，放心大胆地去做，我看着你呢。"阿虎详细把流程讲解一遍。之所以没有亲自动手帮阿洛操作，是因为阿虎认为，阿洛难免以后还是要自己做的，总不能每次都要别人帮忙吧。

在阿虎充满鼓励的目光中，阿洛接过贝壳，鼓足勇气按着阿虎教的流程做了一次。还好，除了贝壳贴上皮肤时有一点儿灼热感，全程没有其他异样。

阿虎暂时放下心来，知道这帮人至少现在不会伤害他和阿洛。之前他一直担心，这些人会不会直接把他和阿洛推到外面去，那麻烦可就大了。阿虎不是没想过在路上趁大熊不注意找机会逃跑，但还有阿洛，在这个地方贸然动手，显然不是个好主意；况且还要寻找被带走的古伟和拉面，就更要沉得住气了。

"哼，还什么都懂！"大熊黑着脸，在另一面

墙上找到把手，随着拉动把手，气密门无声地打开了。白垩纪的阳光顿时照了进来。

因为长时间处于室内，阿虎和阿洛不由得用手挡住眼睛。适应了强烈的光线后，两人都不由自主地愣在当场。在外面用围栏围住的一大片空地上，凌乱地放着很多铁笼子。笼子有大有小，小的大概跟一辆小轿车差不多，大的则比一个标准的集装箱还要大一倍。每个笼子都由手臂粗的钢条和四周的加固结构组成，看上去非常牢固。估计就算是一个变形金刚想要逃出来也没那么容易。

笼子里关着恐龙猎人的猎物——来自各个时期的、体形各异的恐龙。

"看你们那没见过世面的样子，哈哈哈。"大熊心里乐开了花，觉得总算是扳回了一局。他在两个小孩子背后连推几把，让他们继续走。

阿虎作为 ATS 第五大队的前队长，古生物知识虽然比不上古伟这样的专家，但跟大多数普通人比起来，他也算是半个专家了。阿洛跟古伟和阿虎天天混在一起，耳濡目染，再加上从小的兴趣，他对各种恐龙也能达到如数家珍的地步了。

不过，对于阿洛来说，这是他第一次见到除拉面以外的活生生的恐龙，真不是一般的震撼。在这些活生生的史前巨龙面前，他惊讶地张大了嘴巴，一个字都说不出来。

阿洛辨认着每一种恐龙，紧张又兴奋，之前的害怕早被丢到九霄云外了。

在左边的一个大铁笼里，有一只体长近7米、身上有条纹状伪装色的大家伙，那就是青岛龙。它的后腿粗壮、前腿纤细，特别是那鸭子般的嘴和头顶上高高突起的棘鼻状顶饰，使它有了很高的辨识度。

青岛龙旁边的小笼子里关着几只中华丽羽龙。这几只小型兽脚类恐龙别看个头不大，即使算上那长长的尾巴，体长也就3米左右，站着只有成

年人一半高，可它们却是不折不扣的肉食性恐龙。看看它们那满嘴尖利的牙齿，以及灵活修长的前肢上那 3 根锋利的指爪，就足以想象它们的杀伤力有多么惊人了。

这时，阿虎和阿洛都被远处一个巨大的铁笼子吸引了注意力。那个铁笼子比其他笼子都要大，里面赫然关着一只庞然大物：巨大的身躯、如柱子般粗壮的腿、长长的脖子，这是一只还未成年的黄河巨龙。成年黄河巨龙身长可达 18 米，身高 8 米多，体重能达到 60 吨，相当于 10 头成年大象体重的总和，是已知的亚洲体形最大的蜥脚类恐龙。

各种各样的恐龙让两个小家伙眼花缭乱。

对一些体形较大的恐龙来说，笼子里的空间非常局促，像那只黄河巨龙，不得不低着头站立。它不时发出阵阵吼叫，以发泄自己的不满和悲愤。

"阿虎，你看那是什么？"在经过几个铁笼子的时候，阿洛发现在笼子旁边有一个和他们体形类似的人形生物。

这个人形生物身穿运动服，看上去比阿虎和阿洛稍稍高一点，手脚细长，但手臂要比一般人长些，仔细看它的手，却不像人类有 5 根手指，而是只长了 3 根。人形生物背对着他们，似乎只顾着跟它面前笼子里的小型兽脚类恐龙交流，对在附近的人类完全不在意。

大熊见到它，似乎有点害怕地缩了缩头，嘴里小声地嘀咕："怎么见到这个怪物了……"

那生物听觉非常灵敏，声音这么小，它还能听得一清二楚。只见它猛地转过头来，略显扁平的小脸上有一双比例巨大的双眼，狠狠地盯着大熊，明显是对"怪物"这个词很厌恶。

终于看到了它的脸，连见多识广的阿虎都不禁轻"啊"了一声："这是……恐龙人！"

阿洛也认出来了，这不是某些科学家以最聪

明的恐龙——伤齿龙为模本，推断恐龙最终演化成的高智慧生物的形态吗？没想到这里居然有恐龙人存在，这完全颠覆了他们的世界观。

"到了，这里就是你们的新家，好好待着吧。"大熊把阿虎和阿洛推进一个小号的铁笼子里，在恐龙人的注视下颤抖着上了锁，然后转头飞快地离开了。

阿洛见到这么多恐龙，心情一下子好了很多，手扶着铁栏杆好奇地观察着那个恐龙人。看了一会儿，也不知他怎么想的，竟然开口跟那个恐龙人打起招呼："喂，你好，你叫什么名字啊？"

那个恐龙人走近几步，侧着头，大眼睛忽闪忽闪地看着铁笼子里的两人，用清脆的女声回答他："你问我吗？波格博士叫我蟠猫……"

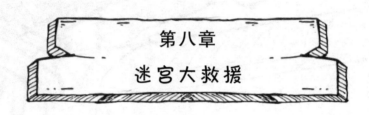

第八章
迷宫大救援

这一瞪眼就把大块头大熊吓走的恐龙人，居然是个女孩子，这实在让人意外。

阿洛一向随和又自来熟，心态放轻松后便不再害怕。因为距离有点远，他隔着铁栏杆向恐龙人蟠猫挥手，大声说："你好蟠猫，我叫阿洛，这是我的同学阿虎，他格斗很厉害的。"阿洛边说边拍阿虎的肩膀。

蟠猫走到关着两人的铁笼子前。

近距离观察后，两人发现，恐龙人蟠猫的五官与人类相仿，一双大大的眼睛又黑又亮，清澈如水。只是那双眼，在小脸上的比例的确是太大了些，也因此显得脸更小了。她暴露在外的皮肤跟人类的皮肤一样细腻，并没有像恐龙那样长着角质层。

蟠猫手脚修长匀称，有一头棕色的短发和薄薄的嘴唇，整个人看上去精神抖擞。阳光下，她的皮肤透着一种奇特的、类似金属的光泽，紧绷的皮肤仿佛包裹着巨大的力量。

"你说的格斗是什么？"蟠猫目光犀利地盯着与自己身高相仿的两个人。她开口就直接发问，似乎已经习惯了直来直去。

阿洛大笑起来："格斗就是打架啦，不久前阿虎一下子就打倒了一个200斤的大胖子呢！"

"哦，你这么能打？我们来比试比试吧。"蟠猫跃跃欲试，眼睛里闪动着兴奋的光。

"别听阿洛胡说八道……"阿虎微笑着摇头，心里却打起了十二分精神，全身肌肉都紧绷了起来。也就阿洛心大，完全没把刚才那大块头见到蟠猫后立刻灰溜溜逃走的样子放在心上。连无法无天的暴徒，对蟠猫都如此忌惮，这位恐龙人小妹妹恐怕并非看上去那么人畜无害。

蟠猫上下打量着眼前的铁笼子，皱着眉头问："你们为什么要像它们一样住在这个东西里面？"说着指了指四周大大小小关着各种恐龙的铁笼子。

阿洛和阿虎苦着脸相互对视，哭笑不得。见蟠猫一脸茫然的样子，阿洛简单地把去时空管理总局参观、遭遇蒙面人的武装袭击、被抓来白垩纪的遭遇讲了一遍。阿虎在旁边瞅着口沫横飞的阿洛，又偷瞄了一眼铁笼外被故事吸引的蟠猫，哑然失笑："没想到阿洛这家伙口才还挺好，有当故事大王的天分。"

恐龙人蟠猫全神贯注地听阿洛讲述，时不时

还会提出问题打断阿洛，但她提出的问题在阿虎和阿洛看来都是常识性的，没想到她居然不懂。于是阿洛一边讲述，一边解释，讲到天都开始暗了。

"对了，你刚刚说的学校，是什么东西？你们年龄多大了？为什么要在那里当什么学生？"蟠猫听完两人的经历，皱着眉想了半天，最后还是问出一个常识性问题，估计是她之前忘记问了。

阿洛一副理直气壮的样子说："我和阿虎都是12岁，正是学习知识的年龄，学校就是让我们读书学知识的地方啊，你怎么连这个都不知道？"

阿虎脸一红，他可不好意思说自己才12岁。

经过这大半天的交流观察，阿虎判断出这个恐龙人心思单纯，而且从未离开过中生代，也没有人跟她说过现代的事情，因此她是真的什么都不懂。阿虎是军人出身，又在执法部门工作多年，什么样的人都遇到过，早已习惯从各种细节中观

察对方，获取信息。

在与两人的交谈中，蟠猫听到了很多闻所未闻的新事物，什么学校啊、时空管理总局啊、时空穿梭啊、虫洞啊……她都听得入了迷。原来，除了她所在的蛮荒大陆，还有另外一个多姿多彩的世界存在，那个世界的新鲜事是她无论如何都想象不到的。蟠猫不由得下决心，一定要找机会去亲自看一看。

蟠猫现在完全没有戒备了，她把这两个刚刚认识没多久的人类视作了好朋友。阿虎趁机询问了她的情况，蟠猫也毫无保留地说了出来。

这座矗立在中生代白垩纪的人造建筑物，就是恐龙人蟠猫的出生地。12 年前，这里的波格博士，提取伤齿龙的基因，再结合人类的基因，把蟠猫创造了出来。她从小经历了各种各样的实验。在长大的过程中，那个波格博士只当她是实验品，教她说话也只是为了方便做试验时获得更准确的数据。因此，蟠猫对人情世故一窍不通，她的朋友也只有关在这里的恐龙。

说来也神奇，不知是因为波格博士在实验过程中的操作，还是蟠猫生来就具备这样的天赋，她竟拥有跟各种恐龙简单交流的能力。而最能无障碍交流的莫过于伤齿龙了，她与伤齿龙几乎可以正常对话。这也许是因为蟠猫是拥有伤齿龙基因的恐龙人。不过，那个波格博士并不知道蟠猫有这样的能力，他在实验方向改变后就对蟠猫没有兴趣了，由她自生自灭。

"对了，蟠猫，你提到的那个博士，究竟是什么人？他为什么要做这样的实验？"身为军人，阿虎敏锐地从蟠猫的话中抓住了重点。

蟠猫摇摇头说："我不知道他为什么要做这样的实验，只知道那群人背地里都叫他老疯子……"她脸色一沉，难过地继续说道："波格博士经常用

我的恐龙朋友做实验，有很多恐龙朋友被带去做实验后就没有再出现过了。波格博士还找了一群人来帮他抓恐龙，然后把它们卖到某些我不知道的地方去了。"

难得有一个这么了解内情的人，阿虎希望趁此机会尽可能地多了解一些情况。于是，他继续问："你知道那群人的情况吗？"

蟠猫本就没打算隐瞒，接着说："当然知道，波格博士管那群人叫恐龙猎人，领头的是个叫雪鸡的大个子。那群人一般每次在这里待一个星期左右就会出去打猎一次，出去的时间长的有几个月，短的也有十几天吧。"

"谢天谢地，那个什么博士起码教会了蟠猫时间概念，不然沟通起来就更难了。"阿虎心里暗暗想着。旁边的阿洛插了一嘴："喂，蟠猫，我看刚才那个大块头挺怕你的，你对他们做过什么吗？"

看来阿洛还不算太笨。

"他们当然怕我！"蟠猫扬起小脸哼了一声，"这些人老欺负那些恐龙，他们杀死生病的和受伤的恐龙，说它们不值钱了。我看见他们这么做一次就打他们一次，所以他们都很怕我。"

阿虎心中一凛："那些壮汉就算在我还是成年人的时候，要对付起来也得费很大力气。可听蟠猫的意思，她赤手空拳就能轻松把那群人给制服，恐龙人果然不简单。"

已到晚上，皎洁的月亮高悬在中生代墨蓝色的天空中，在这个没有任何污染的时代，大气几乎完全透明，月光把大地照得洁白一片。

建筑物周边的森林只剩下黑色的剪影，高大的树木在夜风中轻轻摇摆，发出沙沙的声响。森林里却一点儿都不安静，夜行的恐龙不时发出或高亢或低沉的吼叫。笼子里的恐龙也不甘寂寞地以长啸相呼应。一时间，各种叫声此起彼伏，构

成了白垩纪夜晚独特的"交响曲"。

"放心吧，这周围被一种叫电网的东西围着，大恐龙进不来的。"蟠猫很聪明，见阿洛有点紧张地朝周围看，便猜到了他的心思。接着她继续问道："你们打算在这个东西里待多久？"一双大眼睛在黑暗中犹如两个明亮的小灯笼。

听到这个问题，阿虎笑了起来，他把手探出铁笼子外，摸到那把大锁，用力一拉，"咔嚓"一声，锁居然应声开了！

直到两人站在笼子外，阿洛还是不敢相信刚刚发生的事。阿虎笑着说："我们应该感谢蟠猫。那个大块头是真的很怕你，一直把注意力放在你身上。我就趁他不注意的时候在锁眼里塞了些泥沙，让它不能完全咬合，也就是说，这把锁其实根本就没锁上。"

成功地逃脱铁笼子后，阿虎和阿洛接下来要去找古伟和拉面，然后再想办法联络 ATS 过来抓人。要进这座建筑物里救人，没有比一直生活在这里的蟠猫更合适的人选了。

蟠猫听说要去里面救人，二话不说就把他们带到建筑物外围的一个角落。三人抬头一看，一个金属百叶封闭的通风口就在头顶不高的地方。

通风口离地大约两米，是个两米宽、3米长的管道，下方刚好有个小小的平台，三人都爬到上面站稳，透过金属百叶向里面张望，管道里一片漆黑，夜晚的光线完全照不进去。

阿洛虽然神经大条，可朝里头瞄了几眼后，总感觉似乎有什么不明的东西等着他们自投罗网，心里发怵，不禁打了个冷战，缩到阿虎身边。

"越靠近建筑物就要越加小心。"蟠猫把声音降低，轻声对阿虎和阿洛说，"自从波格博士不再管我之后，这里就是我出入的地方。进去后你们一定要跟紧我，里面岔路很多，很容易走错，也不要乱碰任何东西。"

听蟠猫说完，阿虎和阿洛明白了，原来这里是个迷宫。

"我讨厌迷宫！"阿洛抓了抓头发自言自语道。

蟠猫轻轻把百叶拉起，一马当先进入通风口，紧跟着的是阿洛，阿虎殿后。

踏入管道，他们看见管口四周有小小的缝隙，似乎是闸门的痕迹，而缝隙后面的金属墙壁上有两排好像针孔一样的细眼，上面被一层厚厚的玻璃覆盖住。每隔 100 米左右就会有类似的东西出现，不知道是用来做什么的。

管道是向下倾斜的，随着三人往深处走，管口那一点点可怜的月光，很快就被淹没在无边的黑暗中了。

通风管道里不算拥挤，但是又黑又静，令人不寒而栗，就像不远处有一只怪物正张开血盆大口，等待着他们自投罗网。

蟠猫的夜视能力非常好，根本不需要借助任何照明就能看得很清楚。阿虎和阿洛可就没这本事了，好在他们手腕上都戴着夜光电子表，勉强算是有那么一丁点儿光源，不至于伸手不见五指。

通风管道一直向建筑物内部延伸，似乎没有尽头。三人走了不知道多久，好像一直在原地徘徊。时间仿佛停了下来，每个人都能清晰地听到自己的心跳声。

他们又来到一个分叉口，蟠猫非常熟练地拐到左边的岔道上，紧跟着的阿洛刚要跟上，突然，阿洛的眼角余光瞄到右边的岔道上似乎有亮光！

在黑暗中待久了，对光的渴望就像飞蛾见到灯火一样，阿洛这个时候早把蟠猫的叮嘱抛到了脑后，喊了句"这边有光！"就冲了过去。谁知没跑两步，脚下一空，阿洛"啊"了一声，顺着突然倾斜的管道快速向下滑去。

阿虎反应很快，一手揪住阿洛的衣领想把他

拉住，但向下的惯性太强，反而把阿虎带着一起滑了下去，两人拐了个弯很快就消失不见了，管道内重新被黑暗和寂静吞没。

阿洛和阿虎一前一后顺着管道往下滑，没多久就到了管道的尽头，两人感觉屁股底下一空，接着摔到了地上。

阿洛和阿虎忍着屁股的剧痛，正挣扎着想要爬起来，脑后一股劲风，一个物体砸在他们身上，又把他们压倒在地。原来蟠猫一回头察觉他们都不见了，就干脆也跟着跳了下来。

"我还活着，吓死我了！这是什么地方？"阿洛赖在地上不肯起来，边喘着粗气边哼哼。

蟠猫站起身来看了看四周，皱着眉说："这里我以前也没来过，既然来了，我们就在这里找找，看能不能找到出口吧。"说着向前走去。

这里应该已经到了建筑物的内部，似乎已经不再是通风管道了，像是一个金属通道，无穷无

尽，好像怎么都走不到头。

经历了刚才惊险的一幕，阿洛再也不敢乱跑了，紧紧地跟在蟠猫后面。蟠猫突然停住，阿洛差一点儿撞在她身上。

"等等，走这里。"前方又是一个岔路口，蟠猫仔细看了看辨别了一下方向，说话的语气不容置疑。

又拐了两个弯，前面出现一堵金属墙，竟然没路了！

"怎么办？难道要往回走吗？累死了，我得先坐下休息一会儿。"走了大半天的阿洛已经非常疲惫，挨着管道壁一屁股就坐下了。

蟠猫则完全不存在体力问题，她仔细观察四周的情况。阿虎瞥了阿洛一眼，走到蟠猫身边。

两人仔细观察，发现面前这堵金属墙，跟管道并不像是同一种材质，表面反光度和质地都不太一样。

"这是个门！"蟠猫和阿虎几乎异口同声，"快找找有没有开关！"

蟠猫和阿虎马上分头寻找起来。阿虎几乎把眼睛贴在金属门上，一寸一寸地看着摸着，时不时还轻轻敲击，不放过任何一条细缝。蟠猫则用修长的手指轻轻按在四周的金属墙壁和地板上，仔细摸索。

"找到了！"

搜索一阵后，蟠猫和阿虎几乎在同一时间找到了线索。

金属门侧墙上约成年人肩高的位置，有一个非常不起眼的、比手掌略大的金属盖板，手在上面轻轻按一下盖板就会弹起，里面露出了一个手掌型触摸板，在黑暗中泛着暗淡的红光。

由于视网膜中的感光细胞数量比普通人类多得多，因此蟠猫的视力超群，特别是在黑暗中，她的视力能达到普通人的 6 倍。她瞪大了本来就

已经很大的双眼，仔细在墙身上查看，务求不放过任何蛛丝马迹。她不单用眼睛看，还用手在墙身上沿着金属纹理仔细触摸。作为恐龙人，她的手指数量虽然没有人类多，但皮肤的触感灵敏度却极高，能感受到极细微的变化。

通过蟠猫手眼配合的寻找，另一块触摸板被她在墙体的拐角处靠近地板的位置找到了。

居然有两个触摸板？

第九章
特化伶盗龙

"唉，不知道阿虎和阿洛现在怎么样了。"古伟已经很累了，有点儿迷迷糊糊地自言自语。在波格博士带他参观完实验室后，他和拉面就一直被关在这个没有窗户的小房间里，"估计天已经黑了吧。"

拉面在旁边用大脑袋拱了拱古伟："古伟，我们要当心那个博士，你有没有发现他看我的眼神不太对劲？"

接收到拉面传送过来的脑电波，古伟立刻就清醒了："对，我也察觉到了，他很有可能发现了你的一些秘密，要把主意打到你身上。他做事向来肆无忌惮，基因改造工程又是他的强项。外面那个十几米高的巨型恐龙人十有八九就是他的杰作。"

"那怎么办？我可不想当实验品！"

古伟心里也没底，仔细想了一会儿，还是没什么头绪，只好暂时安慰拉面说："我们多小心就是了，现在我最担心的是阿虎和阿洛，还不知道那群人会怎么对付他们呢。"

对阿虎和阿洛的担心，令古伟和拉面失去了继续交流的欲望，小小的房间内再次陷入沉寂。

突然，门"咔嚓"一声打开了，穿着白大褂的波格博士走了进来。

"古伟，我要不要直接把他抓住，逼他带我们去找阿虎和阿洛，然后让他把送我们回去？"拉面在跟古伟沟通的时候已经做好了出击的准备。
小特暴龙背部微微弓起，粗长的大尾巴伸得笔直，
强壮有力的腿部肌肉紧绷着，整个身体像一只压
紧了的弹簧。

拉面锐利的双眼紧盯着走进来的波格博士，
大嘴微微张开，发出"呜呜呜"的低吼声，锋利
的香蕉形牙齿在灯光下闪着寒光。只要古伟一声
令下，它就会猛扑过去，把眼前这个毫无反抗能
力的老头扑在地上。

拉面在变成幼龙之前，虽然还是一只未成年
的特暴龙，但它已经统治着一块儿不小的地盘了。
日复一日的捕猎，使它身手矫捷，要对付脆弱的
人类简直太容易了。

"等等，有古怪！拉面先别动手！"古伟本来
也想干脆来次偷袭，但随即眼角余光不经意地看
到一些异常，赶紧制止了拉面。

只见波格博士进来后，门外一左一右迅速闪

进两只浑身长毛的恐龙来。这两只恐龙迈着两条强壮有力的长腿，却只用第三和第四两个脚趾走路，第二根脚趾向上收起离开地面，上面长着一个巨大的镰刀一样的趾爪，带着摄人的威势。

它们长着跟身体长度差不多的尾巴，一双修长有力的前肢长满斑斓羽毛，像鸟类一样蜷缩在胸前，羽毛间露出3根长长的锋利而弯曲的指爪。狭长的脸上一双大眼透着凶光，锯齿形的牙齿锋利无比。更为特别的是，这两只恐龙头部的两侧都分别有两个闪烁着蓝光的东西，像两个蓝色的小犄角，这使得它们看上去有些诡异。

"驰龙类的伶盗龙？可是不对啊，伶盗龙也就火鸡大小，哪有这么大！"古伟有点儿摸不着头脑。

的确是难倒他了，一般伶盗龙站着的话，臀高也就 0.5 米左右，全长不过 2 米。可眼前这两只，身长却有 4 米，站着扬起头的时候几乎有一个成年人的高度，足足比一般伶盗龙大了一倍！

"亲爱的小古生物学家，你能认出来这两只恐龙吗？"波格博士眯着眼睛扫了一眼古伟身边蓄势待发的小特暴龙，得意地问道。

古伟用手拍了拍拉面让它放松下来，平静地说："看样貌特征，它们应该是伶盗龙，可是体形不对，因此我也不清楚它们究竟是什么。"

波格博士笑得更开心了："哈哈哈！果然还是难不住你，不过你只知其一不知其二。它们的确是伶盗龙，但在胚胎的时候经过我的人工干预，让它们长得更强壮，长大后能更有效地协助我工作。我给它们取了一个新种名，叫特化伶盗龙。"

"波格博士，你这样强行进行基因改造，还制造出特化恐龙来帮你做事，这不是科学家应该做的！"古伟抑制不住心中的怒火，愤怒地说道。

波格博士也不生气，笑眯眯地说："你知道得

太少，我不跟你计较。人类虽然拥有诸多高科技研究成果，却不懂得利用掌握的高科技来为自己服务，让人类的发展更进一步，迈向更高的智能领域。人类如此故步自封、不思进取，迟早是要自食恶果的。我只是勇于探索，走了别人不敢走的路而已。你年纪轻轻，应该大胆去拥抱科学才对啊！"

"你这是强词夺理！人之所以为人，正是因为有社会规范、法律法规、道德伦理等约束。如果人人都像你一样为所欲为，那人跟禽兽有什么分别！"古伟狠狠盯着波格博士，义正词严地说。

波格博士的笑容僵在脸上，他重重"哼"了一声："没想到你小小年纪，居然也跟那些老古董一个德行，真是冥顽不灵。懒得跟你废话，把他们俩带到 2 号实验室！"波格博士扭头向两只特化伶盗龙发出指令，转身就走。

两只特化伶盗龙听到指令，立刻低下身子张

开双臂，3根寒光闪闪又弯曲锋利的指爪展开，长脖子收缩成S型，张开狭长的大嘴，做出一副恐吓的姿态，慢慢从侧面向古伟和拉面逼近。

古伟和拉面对望一眼，知道仅凭他俩是无法跟这两只特化伶盗龙正面对抗的，于是只好乖乖跟在波格博士后面走出了小房间。

"拉面，你有没有留意到波格博士的耳朵里塞了一个耳机一样的东西？对，就是闪着蓝光的那个。特化伶盗龙头部的两侧也有类似的东西，我怀疑他就是通过那玩意儿来控制特化伶盗龙的。如果有机会能把它取掉，说不定我们就有机会了。"古伟一边走，一边跟拉面沟通着。脑电波交流就是好，不用出声，其他人也不会知道他们在说话。

2号实验室大约有30平方米，里面有很多古伟叫不上名字的仪器和设备，几乎占据了整个房间。最显眼的，是房间正中的两张金属躺椅。一

束束的电线从天花板上延伸下来，连接在金属制成的椅子上，看上去非常怪异。

"糟糕，他现在就要动手了！"古伟心里咯噔了一下。他之前猜测波格博士可能要拿他和拉面做实验，可没想到会这么快，而他和拉面还没想到应对的办法。

特化伶盗龙在身后不停地胁迫古伟和拉面向前走，大嘴里的温热气息几乎都喷到古伟后脖子上了。

波格博士走到两张金属躺椅前，转过身来，面带微笑地说："亲爱的古伟同学，现在请你躺在这张椅子上。"他指了指右手边的金属椅子，随后指着另一张金属椅子说，"也请你的小特暴龙朋友躺上去，我先给你们做个检查。"

在古伟眼中，笑容可掬的波格博士简直比青面獠牙的恶魔更可恶。但在身

后两只特化伶盗龙的威逼下，古伟和拉面也不得不慢慢走上前。两个穿白大褂的工作人员不停地调整金属躺椅的倾斜角度，为实验做准备。

怎么办？一旦躺上去就只能任人鱼肉了！

一切就绪，两个"白大褂"走上前抓住古伟和拉面，正要往金属躺椅上拉。突然，小个子艾迪闯进实验室，喘着粗气大声对波格博士叫道："博士，快来一下，刚刚我们的主机受到攻击，很可能是时空管理总局干的，估计他们在寻找我们的位置。"

波格博士脸色大变，大声质问："什么？你不是说用了你的技术，他们绝对找不到这里吗？不然我怎么可能允许你直接从总局开启虫洞来这里！"

"本来是这样的，我的技术应该没人能破解……"艾迪涨红脸小声说着，看来现在他也没那么自信了。

波格博士早已三步并成两步冲到艾迪跟前，一把揪住他的领口吼道："如果被他们找到这里，我们都会完蛋！快去补救！"说完扯着艾迪夺门而出，离开了2号实验室。

实验室内的3个人、3只恐龙一下子都愣住了，波格博士居然走了？古伟最先反应过来，他想趁抓住自己的"白大褂"愣神的工夫，挣脱跑开。可惜现在的他只有12岁，人小力气弱，还是被回过神的"白大褂"揪住往金属躺椅上拉。特化伶盗龙很聪明，明显觉察到小特暴龙更危险，所以它俩呈包围状，虎视眈眈地盯着拉面，防止它反抗。

这时，意外再度发生，咚的一声巨响，一块金属天花板从天而降，砸在了试图去控制拉面的那个"白大褂"脑袋上，把他瞬间砸晕在地。

特化伶盗龙反应很快，一下子就跳开了两米远，它们抬头警觉地注视着天花板。"又怎么了？

147

怎么这么多意外……"按住古伟的那个"白大褂"再次愣住了，还没反应过来发生了什么事，就被古伟趁机踹了一脚，踉跄着连连后退。没等他站稳，天花板上一个人影闪落，飞起一脚踢在他的脑门上，"白大褂"闷哼一声倒地，晕过去了。

两只特化伶盗龙一直在全神戒备。短短几秒钟，天花板上接连跳下几个人后，实验室内的形势发生了逆转。

"阿虎，阿洛！你们没事吧？"古伟开心地大叫起来。

跳下来的两人正是阿虎和阿洛，而最先跳下并一脚结束战斗的正是恐龙人蟠猫。对于她那闪电般的一脚，阿虎看着也不禁咋舌，估摸着自己也未必能抗得住这么一脚。

小特暴龙拉面没有着急上来相聚，一直在全神贯注地防备着那两只特化伶盗龙。这两只看样子很厉害的家伙，这时候反倒放松了警惕，一前一后围到了蟠猫身边，还头挨着头轻轻碰了几下，看上去很是亲密。

2号实验室不宜久留，万一被处理完事情赶回来的波格博士碰上，就麻烦了。还是由最熟悉地形的蟠猫带路，一行人出了实验室，沿着迷宫似的走廊快步而行，想先找一个合适的地方躲起来。那两只特化伶盗龙也跟在后面。

古伟一直在打量蟠猫，他一眼就看出这肯定是波格博士利用基因工程创造出来的恐龙人。眼前的这个恐龙人除了体形，其他体貌跟大厅那个巨型恐龙人有七八分相似。

七拐八拐地一路奔跑，几人来到一个位置很偏僻的废弃物储存仓库，平时很少有人会来这里，正好适合躲藏。

"阿虎，这位是……"古伟忍了一路，现在终于可以问了。

蟠猫一路上都在听阿虎和阿洛说眼前这位古

伟的事情,现在终于见到本人也是好奇得很。她主动上前自我介绍说:"我叫蟠猫,你就是古伟吧,他们一直在说你。不过看上去你也不怎么样啊,刚才被那个人按住都不能动弹。"

被一个女孩子施救,古伟有点无地自容。好在阿虎及时凑过来,详细介绍了蟠猫的来历,这才化解了尴尬。

"对了,蟠猫,这两个家伙跟你很熟吗?"阿洛审视着那两只特化伶盗龙,留意到它们身上的各种"武器",心中不禁一紧,悄悄退后了两步躲到阿虎身边。

蟠猫点点头说:"是的,它们跟我一样,也是波格博士创造出来的。我们一起长大,我比它们大6岁,算是它们的姐姐吧。"她招了招手,两只特化伶盗龙马上挨过去靠在蟠猫身边。

"不过它们被波格博士在脑袋上装了两个东西。"蟠猫指着特化伶盗龙的头部,继续说,"波格博士可以通过这个东西来控制它们，在一定的距离内它们完全不能反抗。我逃出来早，不然很可能也会被装上这个东西。"

波格博士在创造出恐龙人之后，他认为恐龙人不好控制，于是便开始研究如何加强恐龙本身的力量并加以控制，这才对蟠猫放松了警惕。蟠猫逃了出来，游离于这个白垩纪研究基地之外。不能不说是一种幸运！

"阿虎、阿洛，我还在担心你们被那个大个子欺负。不过，现在看上去你们非但没事，居然还找到了一位好帮手。幸好你们及时赶到，不然我和拉面就惨了。"古伟现在才真正放下心来，赶紧询问阿虎和阿洛的遭遇。

"慢着，我好奇很久了，你说说清楚，你给我取这么个名字是什么意思？"拉面突然发出灵魂拷问。

古伟挠挠头笑着说："没什么意思，就是跟

着你考察的时候不知道为什么，总想吃牛肉拉面，于是就给你取了这个名字。”

“你……”拉面彻底无语了。

几个小伙伴小声笑了起来，只有蟠猫一脸不解，不知道他们几个在笑什么。

第十章
母子相逢

　　"什么？逃跑了？你……你们是木头做的吗？"波格博士大发雷霆，揪着两个助手的衣领，全然不顾两人满脸的血迹。

　　好不容易抓到两个极好的实验品，正打算用古伟的基因对拉面的基因进行改造，结果处理完突发状况回来，却发现实验品不见了。

　　波格博士发了一通脾气，扭头对站在一旁冷眼旁观的雪鸡吼道："你还站在那里干什么？快去

把他们抓回来！"

　　特化伶盗龙也不知去向，要召唤它们只能把脑电波指挥器的功率调大。只是这么做有一定的副作用，无论是作为发送方的波格博士，还是接收方的特化伶盗龙，都会感到头疼欲裂，特别是接收方，如果距离太近甚至会造成脑部损害。不过，对于陷入抓狂状态的波格博士来说，也管不了这么多了。

　　古伟几人正在商量接下来怎么办，跟蟠猫站在一起的两只特化伶盗龙突然"呜呜"叫起来，同时猛甩脑袋，两条强壮的后肢也在颤抖，一副很痛苦的样子。

　　"波格博士在召唤它们，看来他已经发现你们逃跑了。"蟠猫一看就知道是怎么回事，赶紧试图安抚两只特化伶盗龙。可是无论她怎么努力安抚，特化伶盗龙依然非常痛苦，最后双双转身飞奔而去。

特化伶盗龙的速度非常快，一眨眼就不见了踪影。"波格博士很快就会找到这里，我们必须马上离开。"古伟看着特化伶盗龙离开的方向说。

对于军人出身的行动派来说，阿虎当机立断，带着几个小伙伴再次爬上了天花板。蟠猫依然是作为向导走在最前面，没有人比她更熟悉这迷宫般的管道了。

"对了，你们是怎么找到我和拉面的？"古伟一边在通风管道里行走，一边问。

阿洛在古伟身后，得意地说："这个问题回答起来有些复杂！首先，要有对这个建筑物还有对那个博士了如指掌的蟠猫，还要有勇于探索的我和阿虎，再加上地图的帮忙，于是就成功地找到你们了！"

这没头没尾的一段话把古伟说得稀里糊涂。直到几人陆续从天花板上的通风管道跳进一个无人值守的控制机房，看到墙壁上一张硕大的基地

管线图，然后阿虎和阿洛通过印有人类手掌标识的一红一紫两个触控面板，打开一扇门进入另一条金属管道后，古伟才终于明白了阿洛的意思。

阿虎一边顺着漆黑的金属管道往外走，一边解释："这条是我们进来的路，出去就是基地关押恐龙的地方。刚才蟠猫提醒，那个博士把你们单独带走，一定是计划用你们来做实验品，我们才去实验室里碰碰运气。"

"外面是关恐龙的地方？那好，我们可以把恐龙全部释放，利用混乱溜进虫洞大厅找机会逃走。"一听到外面关着许多恐龙，古伟立刻想到了办法。

蟠猫也表示赞同："我可以跟恐龙们交流，让它们在这里制造混乱，反正它们被关起来已经是一肚子怨气了。我之前没有这么做，只是因为放了它们，它们也逃不了，但如果你们能成功回到那个什么时空管理总局，就能救它们了。"

156

"要到外面去吗？正好，这东西给你。"阿洛一听要到外面去就贼兮兮地笑了起来。他把手伸进裤兜里掏了一会儿，拿出一个银闪闪的贝壳。

古伟一见大喜，用力拍了拍阿洛的肩膀，笑着说："我刚刚正发愁出去后怎么办呢，你就把宝贝送上门来了，说说看你是从哪儿弄来的贝壳。"

阿洛得意地说道："这东西我先是看它好玩儿，后来又想到咱们在白垩纪的室外活动时，可能会用得到。于是，就趁那人不注意，偷偷放在了裤兜里，现在看来果然派上了用场。只不过不小心当了一次小偷，以后一定弃恶从善，保证再也不做这种勾当了……"说着自己忍不住"嘿嘿"笑了，几个小伙伴也被逗得前仰后合。

蟠猫和拉面则不需要植入微型空气转化器，他们自带调节功能，这令其他小伙伴羡慕不已。

几个小伙伴很快从管道出来，释放恐龙的行动也进行得很顺利。铁笼子并没有锁，只要把插

销打开就可以了。很快，所有的恐龙都被放了出来。一时间，空地上挤满了大大小小的恐龙，在蟠猫跟它们进行交流之后，重获自由的恐龙们开始制造混乱。

黄河巨龙用身体撞击研究所的大门，发出巨大的碰撞声，仿佛整个研究所都在颤抖。青岛龙一头把关它的铁笼子掀翻，铁笼子撞到不远处的高压电围栏上，发出砰的一声巨响后，火花四溅，高压电围栏一下子被砸开了一个大口子。围栏上的报警器发出刺耳的声音，警告围栏已经短路，不能正常工作了。

古伟几人站在空地中间，为了确保恐龙们不会误伤他们，蟠猫跟他们站在一起。拉面却傻愣愣地站在一个大铁笼子前，呆呆地看着笼子里的恐龙。几人一边躲着胡乱冲撞的恐龙，一边跑到拉面身边，古伟拍了拍它问："拉面，你怎么啦？还不赶紧把笼子打开。"

拉面依然盯着笼子里的恐龙，大嘴下意识地去咬插销。笼子刚一打开，伴随"嗷呜"一声吼叫，里面冲出一只身长约 10 米、体重至少有 7 吨的成年特暴龙，这无疑是白垩纪最强的战士。发出震天动地的一声狂吼后，它低头看了拉面一眼，就甩开长尾向研究所冲去。

拉面的视线还是追随着那只成年特暴龙："她……她是我的妈妈！"

接收到拉面的脑电波，几个小伙伴都愣住了："拉面，你没认错吧？真的是你妈妈？"

"是的，她的气息我一辈子都忘不了。只是现在的她才刚成年，十几年后我才出现……"拉面郁闷地解释道。

古伟、阿虎和阿洛三人面面相觑，恐龙人蟠猫则是一副无法理解的表情。遇到自己未来的妈妈？这实在太令人难以置信了……

几声枪响把几人拉回到现实，恐龙报复性的

破坏终于引起了恐龙猎人的注意。当先一人如铁塔般堵在已经被撞得稀烂的入口，手里提着那把标志性的加特林机枪，此人正是雪鸡。

雪鸡大吼一声："看我怎么收拾你们！"说着大手一挥，就要下令一群人开火。

"你疯了，这里的每一只恐龙都价值连城，死了就没有研究价值了！"波格博士从后面跳出来喝止。

雪鸡撇了撇嘴，只稍微犹豫了一下，几只伤齿龙就从侧面悄悄靠近，猛扑到他身上乱抓乱咬。别看伤齿龙个头不大，但身体灵活，一口尖锐的牙齿加上锋利的指爪，专挑雪鸡的软肋，把他咬得满身、满脸都是血。雪鸡被咬得乱蹦乱跳，哇哇大叫，他左右拍打，连机枪都丢到了一边。

慌乱中雪鸡拔出匕首乱砍，为了躲避刀锋，伤齿龙被迫跳开，雪鸡这才脱险。这下可把他给惹毛了，他什么时候吃过这样的亏！连机枪也不去捡了，直接紧握着匕首就去追杀伤齿龙。就在这时，刚才被枪声吓得四散退开的恐龙又重新围拢过来，准备再次冲击，带头的正是拉面未来的妈妈——那头强壮的成年特暴龙。

20多个恐龙猎人处于劣势，面对一大群来势汹汹的史前巨兽，他们为了自保已经顾不上其他，纷纷举起武器准备扫射。

"不好！如果他们真开枪，这些恐龙就危险了！"古伟几人心急如焚。几人的大脑都在飞速运转。蟠猫想跟恐龙们建立联系，可它们已经处于疯狂的复仇状态，不再理会蟠猫发出的信息。

眼看一场大屠杀就要发生！就在这时，在正准备冲锋的恐龙与正准备开火的恐龙猎人之间的狭小区域，能量突然剧烈波动扭曲，电磁波急剧聚集，如银蛇般飞舞扭动，空间被瞬间撕裂，一个巨大的虫洞开启。从银波荡漾的虫洞中冲出一辆接一辆配备重武器的装甲车，车体上印着醒目

的"ATS"3个大写英文字母！

30多辆装甲车冲出虫洞后一字排开，武器整整齐齐地瞄准了恐龙猎人。

空间扭曲的异象把狂躁的恐龙们也吓了一跳，它们可从来没见过这种场面。蟠猫虽然也很震惊，但毕竟她的智商比恐龙高得多，片刻后她和拉面一起与恐龙们建立了联系，控制住了场面。

"所有人放下武器，双手抱头！"高音喇叭的声浪在空气中不断传播，无人机在空中飞来飞去，形成了天罗地网。

雪鸡还想再一次悄悄溜走，却发现至少有两辆装甲车的炮管对准了自己，而且身边还有几只伤齿龙虎视眈眈。他一看无路可逃，立刻把手里的匕首一丢，高高举起双手，大喊道："别开枪，我投降！"

其他的恐龙猎人见状，也纷纷放弃了抵抗。他们很清楚顽固抵抗没什么好下场。

"艾迪，你不是说在时空管理总局的虫洞控制台做了手脚，他们绝对找不到这里来的吗？"波格博士有气无力地质问身边的小个子。他知道，好不容易建立起来的白垩纪研究中心，今天就要关门大吉了。

波格博士在这里建立了前所未有的科学研究中心，成功地创造了恐龙人蟠猫和特化伶盗龙，眼看又将得到两个绝佳的实验品。他预想着自己将要在改造人类的研究方向上取得重大突破，谁知就这么结束了，他不甘心！波格博士从不认为自己应该承担什么社会责任，也不认为自己需要考虑什么道德和法律。他认为，这些都是针对普通人的，他这样的优秀科学家不应该受到任何限制。

而等待波格博士和恐龙猎人的，将是法律的制裁和漫长的牢狱生活。

古伟几人终于松了口气，感觉身体像被掏空

了般酸软无力。幸好 ATS 及时赶到，不然在人类的热武器面前，恐龙会非死即伤。

　　古伟、阿虎和阿洛坐在六年级（2）班的教室里，班主任姜老师在讲台上声情并茂地讲着课，好像什么都没有发生过一样，只是班里多了一位名叫蟠猫的插班生。这位插班生样貌有点独特，棕色的短发，大得有点不成比例的双眼，令她备受关注。

　　小特暴龙拉面也依然每天跟着几人一起来上课，只是它上课时不再是睡觉，而是发呆。在它的脑海里总是会浮现那次神奇的白垩纪之旅。

　　当他们离开波格博士的研究中心时，拉面未来的妈妈——那只成年特暴龙，慈爱地低头注视着面前的拉面，虽然它并不知道面前这个小不点其实就是她将来的孩子。过了许久，成年特暴龙仰天长啸一声，俯下高大的身躯，大嘴轻轻在拉

面头顶上蹭了蹭，转身钻入白垩纪繁盛的密林里消失不见了，只有不时传来的几声震人心魄的吼叫声……

恐龙们回归了本该属于它们的正常生活，而两只特化伶盗龙因实在不可能融入白垩纪的生物链中，被 ATS 带回了时空管理总局。

恐龙园地

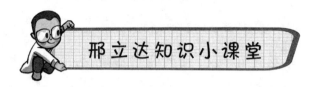

1. 暴龙

我可是恐龙家族的大明星哦!

暴龙,一般指霸王龙。

暴龙属于巨型兽脚类恐龙,生活在距今约6 800万到6 600万年前,是白垩纪至古近纪灭绝事件前最后的恐龙种群之一。毫无疑问,暴龙

167

是恐龙界知名度最高的明星之一，其身长可达 13 米，臀部离地面高度约 4 米。暴龙是目前已知动物中拥有最大级别咬合力的品种之一。

暴龙是二足行走的肉食性恐龙，拥有大型头颅骨，并借由长而重的尾巴保持平衡。相对于大而强壮的后肢和庞大的身体，暴龙的前肢非常小，但有研究发现，暴龙的前肢也有十分强壮的。长久以来，暴龙被认为只有两根手指，但在 2007 年发现的一个完整的暴龙化石显示，它们也可能具有 3 根手指，只不过第三指退化了，显得非常小。

到现在，科学家们依然在争论暴龙的食性、生理机能以及移动速度。多数科学家都认为暴龙是掠食动物，以大型食草恐龙为食；但也有少数科学家认为暴龙是一种食腐动物，最喜欢去抢别的恐龙的猎物。

科幻冒险电影《侏罗纪公园》和《侏罗纪世界》中，暴龙都占据了极重的分量。暴龙每次出场都那么惊天动地，让观众非常震撼。

2. 特暴龙

　　特暴龙是一种兽脚类恐龙，属暴龙科，生存于白垩纪晚期的亚洲地区，距今约 7 000 万年。特暴龙的化石最初是在蒙古国发现的。

　　特暴龙是一种大型、二足掠食动物，拥有约 60 颗大型、锐利的牙齿。特暴龙体型略小于暴龙，已知最大型的个体身长约为 10 到 12 米，目前还没有完全成长个体的体重数值，但一般被认为略轻于暴龙。就前肢与身体比例而言，特暴龙拥有暴龙类中最小型的前肢。

　　特暴龙生存于潮湿的平原，并处于当地的食物链顶端，可能以大型恐龙为食，例如鸭嘴龙类的栉龙，或是蜥脚类的纳摩盖吐龙。目前发现的特暴龙的化石并不少，已有数十个标本，包含数

个完整的头骨。这些化石让科学家得以研究它们的种系发生学、头部力学以及脑部结构。

3. 风神翼龙

它可是远古时代的"天空之王"呢。

风神翼龙是一种大型翼手龙，生存于白垩纪晚期，距今约 6 800 万年，是目前已知最大的飞行动物之一，其翼长超过 10 米，站在地面上时和现在的成年长颈鹿差不多高。风神翼龙的喙极其巨大。

风神翼龙最令人震撼的莫过于它那展开的巨

大双翼。可以做个其对比，初级飞行训练的首选机型塞斯纳162，其翼展是9.26米，也就是说，风神翼龙的双翼展开比飞机的还长呢。

4. 海王龙

海王龙属于巨型的沧龙类。它们与现代巨蜥、蛇有一定的亲缘关系。海王龙和海诺龙、霍氏沧龙是目前已知体形最大的3种沧龙类。沧龙类的成员体形都呈面条状。海王龙身长可达15米，甚至更长；跟其他沧龙相比，海王龙的体形明显更加粗壮，但长度要短一些。

海王龙的主要食物是蛇颈龙、白垩刺甲鲨、剑射鱼、菊石、黄昏鸟和其他小型沧龙类。在发现的海王龙化石的胃部，有相当多样化的当时海洋动物的化石。在白垩纪晚期的西部内陆海道，

海王龙是顶级捕食者。为了保持顶级海洋爬行动物的优势,海王龙还特化出其他沧龙没有的圆筒状的前上颌骨,可用来撞击、打昏猎物,也可用来与同类打斗。

由于中文翻译的名字很霸气,在很多古生物纪录片中的"沧龙"其实是以海王龙为原型的,而非真正的沧龙。

5. 黄河巨龙

黄河巨龙属于蜥脚类恐龙,化石发现于中国甘肃省,地质年代为白垩纪早期,是原始巨龙类恐龙。

顾名思义,黄河巨龙跟黄河有着千丝万缕的联系。刘家峡黄河巨龙发现地就在甘肃兰州盆地,地处黄河边上。化石发现时并不完整,包括尾椎、荐椎、肋骨碎片以及肩胛骨等，根据这些零碎的化石，科学家推测它的体长约 18 米，足以称为巨龙了。

另一个种是汝阳黄河巨龙，是在河南省的汝阳县发现的，并在 2007 年被命名。它的化石只有部分尾骨及几根肋骨，其中最长的肋骨达到 3 米。汝阳黄河巨龙是我国发现的体腔较大的蜥脚类恐龙之一。

在 2007 年，古生物学家吕君昌等人建立了黄河巨龙科。黄河巨龙科代表一群白垩纪的原始巨龙类恐龙，演化位置介于盘足龙、安第斯龙类之间。

6. 尖角龙

尖角龙属于角龙类，是一种中大型草食性恐龙，生活于白垩纪晚期的北美洲。化石发现于加

拿大艾伯塔省的恐龙公园组地层，距今约 7 650 万到 7 550 万年。

尖角龙身长约 6~8 米，身体由结实的四肢来支撑。同其他的尖角龙类一样，尖角龙的鼻端有一个大型鼻角。由于物种不同，尖角龙的鼻角可能向前或向后弯曲。尖角龙的颈盾，上有大型孔洞，颈盾周围则有小型的角。一般认为，尖角龙的颈盾和角是用来防御掠食者的，也可以用来与同类打斗。

7. 伶盗龙

没错，"敏捷的盗贼"说的就是我啦！

　　伶盗龙，有的中文名翻译为"迅猛龙"——实际上迅猛龙是美颌龙类的一种，生活在白垩纪早期的河北一带。而伶盗龙是驰龙类，大约生活于白垩纪晚期。伶盗龙和现代鸟类之间的关系非常密切。

　　伶盗龙体型接近火鸡，是一种中型驰龙类恐龙，成年个体身长估计约2米，臀部高约0.5米，小于其他的大型驰龙类恐龙（例如恐爪龙）。伶盗龙是二足、肉食性的有羽毛恐龙，具有长而坚挺的尾巴，尾巴和手臂上有着如同现代鸟类一样的羽毛。伶盗龙最明显的特点是，双脚的第二脚趾有呈镰刀状的大型趾爪，这些趾爪用来扎入、刺穿或者撕裂猎物。伶盗龙与其他驰龙类的差别在于，伶盗龙的头颅骨低矮，而且长，口鼻部朝上微翘。

　　伶盗龙最广为人知的形象是"侏罗纪系列"电影中的造型，实际上，小说和电影版本对伶盗

龙的描述与真实情况有较大出入。"侏罗纪系列"电影中的伶盗龙和人类一样高，全身覆盖鳞片，可轻易捕杀牛或者带着枪支的武装人类。与其说它是伶盗龙，不如说它是"以巨大恐爪龙和阿基里斯龙为原型的战斗力加强版"。当然，我们也可以理解为它是电影中基因工程生产出来的怪物。

对于古生物学家而言，伶盗龙是种具有重要研究价值的恐龙，有一个著名的伶盗龙化石标本，保存了它与原角龙缠斗的场面。

8. 窃蛋龙

窃蛋龙，是一种小型兽脚类恐龙，生存于约7 500万年前的白垩纪晚期。化石发现于蒙古国和中国的内蒙古地区。

窃蛋龙的属名意为"偷蛋的贼"，因为首次被发现的窃蛋龙化石正处在一窝恐龙蛋的上方，而这些恐龙蛋被认为属于原角龙；窃蛋龙的种名意为"喜爱角龙者"，也是来自这个发现。然而，后来的研究证明，窃蛋龙下面的那些蛋实际上是它自己的蛋。这真是一桩"千古奇冤"：所谓的"偷蛋者"，其实是在孵化或者保护自己的孩子呢。

窃蛋龙大小如鸵鸟，身长 1.8 到 2.5 米，长有尖爪，长尾，推测其运动能力很强，行动敏捷，可以像袋鼠一样用坚韧的尾巴保持身体的平衡，跑起来速度很快。研究发现，窃蛋龙胸腔拥有数个典型的鸟类特征，每个肋骨上都有一个突起物，可使胸腔更坚牢。科学家还通过研究窃蛋龙的近亲得出结论，窃蛋龙极有可能全身大面积覆盖着羽毛，因此它也是最接近鸟类的恐龙之一。

g. 青岛龙

青岛龙属于鸟脚类恐龙中的鸭嘴龙类。青岛龙化石是我国发现的最著名的有顶饰的鸭嘴龙化石，也是我国首次发现的较为完整的鸟脚类恐龙化石。

青岛龙生存于白垩纪晚期，身长约6~8米，这在鸭嘴龙科里算是非常大的。青岛龙拥有类似鸭的口鼻部，以及强壮的齿系，可用来咀嚼植物。青岛龙通常是四足行走，但也可用二足方式站立。别看青岛龙个头大、体重大，可它的脑子很小，只有200~300克重，可以说青岛龙是一种智商比较低的恐龙。青岛龙没有犀利的自卫武器，跑得也不算快，只能以群居生活方式来共同抵御掠食者。

10. 伤齿龙

我的头很大，是最聪明的恐龙之一。

　　伤齿龙，是一种体形较小、类似鸟类的恐龙，生存于白垩纪晚期，距今约 7 500 万到 6 500 万年。伤齿龙的化石发现于 1855 年，是北美洲最早发现的恐龙化石之一。伤齿龙的属名意为"具伤害性的牙齿"，指的是它们有着锯齿状牙齿，其牙齿边缘的锯齿很大且非常尖利。

　　伤齿龙身长约 2 米，拥有非常修长的四肢，这表明它们可以快速奔跑。伤齿龙拥有长长的手臂，可以像鸟类一样往后折起。它们的第二脚趾上拥有大型、可缩回的镰刀状趾爪，这些趾爪在

奔跑时可能会抬起。

伤齿龙的眼睛很大，其可能有夜间行动，并以夜间行动的哺乳动物为食。伤齿龙的眼睛跟其他大部分恐龙相比，更要朝向前方，表明其可能有更好的深度知觉。伤齿龙是恐龙中头部与身体比例最大的恐龙之一，因此伤齿龙被认为是最聪明的恐龙之一。

11. 中华丽羽龙

中华丽羽龙属于兽脚类中的美颌龙类，化石发现于中国辽西的义县组，年代为白垩纪早期，距今约 1.2 亿年。中华丽羽龙与近亲华夏颌龙相似，但它们体形更大，身长约为 3 米，是目前已知最大的美颌龙类物种之一。

中华丽羽龙是一种二足掠食动物，与其他美

颌龙科的差异在于，中华丽羽龙的前爪占整个前肢的比例，比其他大部分美颌龙类都要大，这个特征可能与它们的体形有关。

既然被命名为"中国的美丽羽毛"，这种恐龙身上当然不会是光秃秃的。根据保存完好的化石研究推断，中华丽羽龙身上覆盖着羽毛，而它身上最长的羽毛位于臀部和尾巴基部，以及腿上。

有意思的是，中华丽羽龙化石的腹部位置发现有被吞下的一只小型恐龙的完整的腿，说明这家伙可能是种敏捷、活跃的掠食者。